知物 TO KNOW

微观星球

显微镜下的奇妙世界
★ 生活篇 ★

主　编　吴成军

本册主编　罗彩珍

编　者　罗彩珍　卢晓华　孔佩佩　李志洁
　　　　窦向梅　刘伟华　张新莲　刘　奕
　　　　司世杰　吴志强　吴成军

机械工业出版社
CHINA MACHINE PRESS

这是一本关于数码显微观察的套装图书，由生活篇、细胞篇、植物篇和动物篇组成，囊括59个主题。内容涉及生物、化学、物理等多个学科。本书用深入浅出、生动有趣的内容和令人惊艳的数码显微镜原创图片，为读者带来了微观世界的美和专业的科学知识。生活篇紧密联系我们的日常，如水体中、空气中甚至我们人体中生活着的微小生物，从微观的角度对它们的形态结构、存在状态和自身特点进行了介绍。

本书适合一线教师和广大微观爱好者阅读，也适合作为青少年的科普读物。

图书在版编目（CIP）数据

微观星球：显微镜下的奇妙世界.1，生活篇 / 吴成军主编；罗彩珍本册主编. — 北京：机械工业出版社，2022.3（2024.5重印）
ISBN 978-7-111-70170-5

Ⅰ.①微… Ⅱ.①吴… ②罗… Ⅲ.①生物学–显微术–青少年读物 Ⅳ.①Q-336

中国版本图书馆CIP数据核字（2022）第026252号

机械工业出版社（北京市百万庄大街22号　邮政编码100037）
策划编辑：卢婉冬　　　责任编辑：卢婉冬
责任校对：王　欣　张　薇　责任印制：张　博
北京华联印刷有限公司印刷

2024年5月第1版第3次印刷
215mm×225mm・6.2印张・111千字
标准书号：ISBN 978-7-111-70170-5
定价：200.00元（共4册）

电话服务	网络服务
客服电话：010-88361066	机　工　官　网：www.cmpbook.com
010-88379833	机　工　官　博：weibo.com/cmp1952
010-68326294	金　书　网：www.golden-book.com
封底无防伪标均为盗版	机工教育服务网：www.cmpedu.com

前 言
PREFACE

微观星球　显微镜下的奇妙世界

  微观世界是一个神秘的"国度",在这个国度里有着众多的生物和微观粒子,它们形态多样、色彩斑斓,可惜我们用肉眼难以观察。显微镜的出现帮助我们打开了通往这个美丽国度的大门。四百多年前,第一台显微镜被制造出来,随后,"细胞"被看见。从此我们进入了一个崭新的微观世界,生物科学研究也随之进入了新的阶段。越来越多的科技工作者投身于显微镜的制作与改进,显微镜下的世界也越来越丰富多彩。时至今日,随着图像处理和液晶显示的广泛应用,数码液晶显微镜凭借其能对图像进行实时显示拍照、摄像并保存等优点,获得了广泛的应用。数码液晶显微镜极大地提升了观察的效率和质量,让使用者在体验快捷和方便的同时,收获满满的喜悦和成就感。

  基于数码液晶显微镜的观察,我们编写了《微观星球　显微镜下的奇妙世界》一书,这本套装书分为《生活篇》《细胞篇》《植物篇》和《动物篇》四个分册,展示微观世界科学之美的同时,带给大家一场惊艳的视觉盛宴!

  《生活篇》紧密联系我们日常接触的环境,如水体中、空气中甚至人体中生活着哪些微小的生物?它们怎样运动?真菌孢子是怎样释放的?如何辨别植物细胞中作为能源物质的淀粉和脂肪?如何区分人体的三种血细胞?红细胞有何特点?血型与输血的关系是什么?我们常食用的食盐、白糖和味精的真面目是怎样的?把常见的化学反应搬到显微镜下会有什么不同?这里将给出满意的答案!

  《细胞篇》介绍了植物和动物的细胞结构和组成物质,让读者了解细胞结构与功能,以及与环境相适应的自然法则。细胞具有颜色的秘密是什么?水绵的叶绿体是如何起源的?植物的保护组织、营养组织细胞分别有什么特点?运输水分的导管是不是像水管一样?气孔有哪些功能?相邻植物细胞间如何进行信息交流?植物细胞、人体及动物细胞吸水和失水的方式相同吗?植物细胞是一动不动的吗?细胞是如何进行分裂的?花粉长什么样?它是如何形成的?内容专业又有趣!

《植物篇》按照藻类、苔藓、蕨类和种子植物的进化顺序，主要介绍了植物的部分营养器官（结构）和生殖器官（结构）。绿藻水绵与其他藻类相比，其特殊之处是什么？苔藓的孢子体和蕨类的孢子囊区别有多大？爬山虎是靠什么攀爬的？植物表面的表皮毛有什么作用？此中内容令人耳目一新！

《动物篇》从认识单细胞动物开始，到无脊椎动物和脊椎动物，从微观的角度了解动物的形态结构、生长、发育和生殖过程。你见过昆虫新生命的绽放和蜕变吗？你知道动物的各种生存神器吗？果蝇作为生命科学研究的模式生物有哪些独特之处？被称为"生命长河"的血液是怎样流动的？在这里你将会有熟悉的感觉和意外的收获！

对于显微镜下的景观，目前只有零散的一些照片流传于网络中，主题不够鲜明，科学性和系统性也不强。与之相比，这本套装书是不可多得的科普书籍，在国内实属首创，有如下特点：

（1）画面精美。书中的图片绝大多数为数码液晶显微镜所拍，皆为原创，张张惊艳，展现微观世界的精彩，令人赞叹。

（2）内涵丰富，涉及面广。生物、化学、物理、数学、艺术等多学科融合，有一定的系统性。

（3）科学和实用。按不同的环境、不同的分类方法和不同的观察对象编排，具有较强的科学性和实用性，能为一线的教师和科学研究者提供参考。

（4）专业和科普。不仅有"美"，还有"科学"，每一篇目内容都有专业知识的渗透和拓展，深入浅出，生动有趣，易被广大读者接受，具有很强的科学普及价值。

当我们徜徉在充满魅力的微观世界时，不知不觉中就如海绵一般吸取科学浩瀚海洋中的知识，充实自我，收获自信。

微观美景让人流连忘返，让人感觉生命的神奇与美丽，给我们带来了探究自然的兴趣和动力，也给我们带来了许多的美好和快乐！希望读者能从中深受启发，从而乐于探究自然的奥秘，发现自然之美。

本书在编写过程中力求内容准确无误，为此参阅了大量的文献，但由于时间仓促和我们水平有限，难免出现疏漏和错误，欢迎广大读者批评指正，在此一并感谢！

感谢机械工业出版社科普分社的赵屹社长和卢婉冬副社长，正是他们的鼓励和支持，才让我们有勇气和毅力完成这项任务繁重的工作。书中有大量的图片，编辑和排版任务繁重，在责任编辑的积极策划和精心的工作下，这本套装书得以高质量出版，对他们致以诚挚谢意。

吴成军

2022年3月于北京

目 录

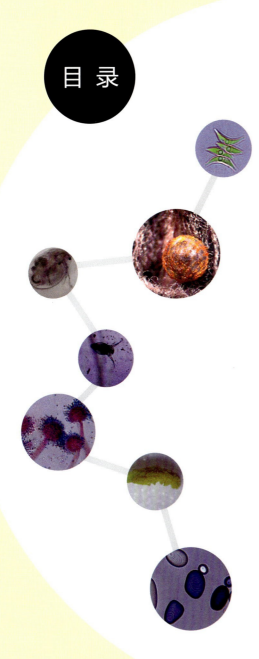

前言

01 寻美微观世界 / 001

02 池塘中的生命世界 / 008

03 空气中的微生物 / 021

04 霉菌的繁殖体 / 034

05 大白菜的叶与花 / 043

06 叶绿体中的淀粉粒 / 051

07 有"年轮"的淀粉粒 / 058

CONTENTS

08 种子中淀粉和脂肪的检测 / 065

09 血细胞和血型决定 / 071

10 眼泪中的物质结晶 / 080

11 汗液和尿液的结晶 / 085

12 观察食盐、白糖、味精的晶体 / 089

13 飞舞的雪花 / 099

14 美丽的微观化学反应 / 109

01　寻美微观世界

　　一花一世界,一草一天堂。大千世界,花鸟鱼虫,春花秋月,尽显世界绚丽之美。就像广阔的宇宙是无限的,微观世界也是无限的,一根头发、一粒微尘、一个细胞,在显微镜下都会展现出另一种美,让人惊艳!让我们一起来采撷显微镜下的美吧!

　　你一定有过这样的经历:当你心情太过紧张时,手就会出汗。看,手指上的汗腺正在出汗呢(图1-1)!

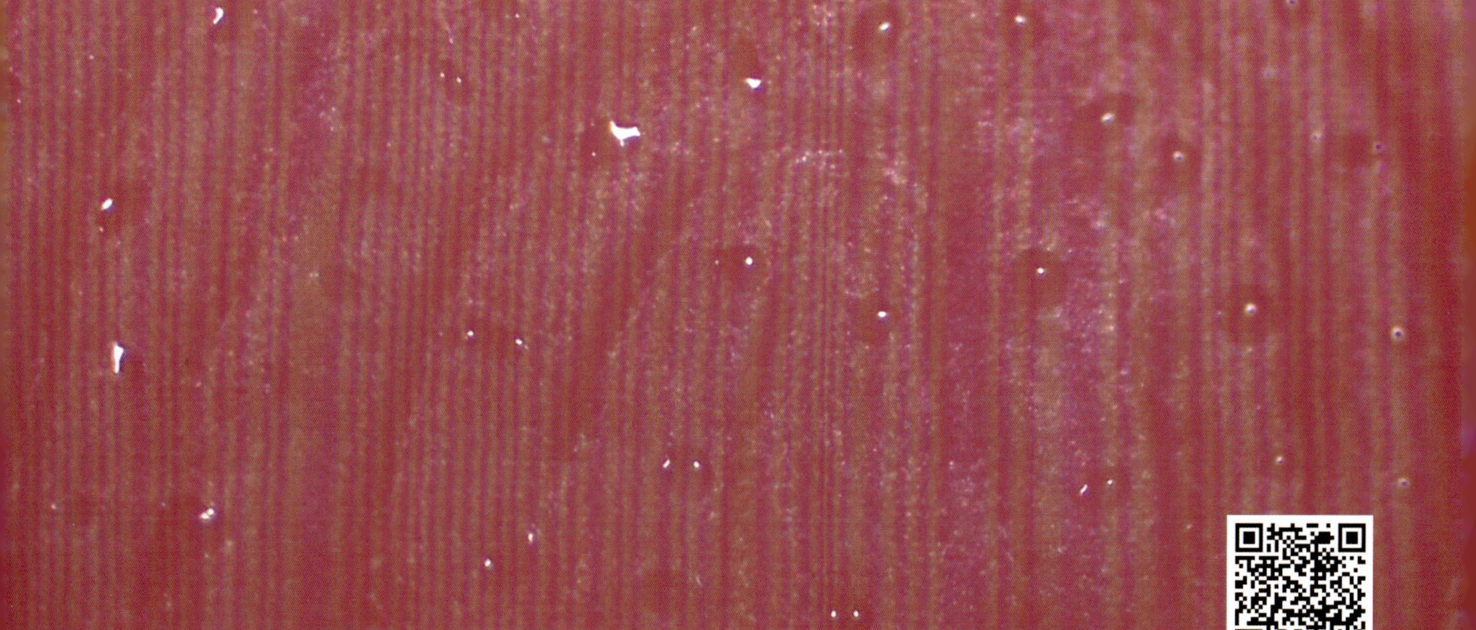

图1-1　指纹处汗腺位置(30×)

不过,不用紧张,我们将要开启一段愉快的学习之旅。请放松心情,一起来欣赏微观世界之美吧!

图1-2是什么?是鸟巢里落下了一颗镶满黄金的大珍珠?

图 1-2 斑凤蝶的卵(30×)

原来这是斑凤蝶的卵。真漂亮！

卵细胞是比较大的细胞，平时我们吃的鸡蛋的蛋黄部分就是鸡的卵细胞。鸡的身体由许多细胞构成，那有没有仅由一个细胞构成的生物呢？当然有，草履虫就属于这样的单细胞生物。

草履虫（图1-3），顾名思义，看上去就像一只倒放的草鞋底。它是一种身体很小、圆筒形的原生动物，身体仅由一个细胞构成。

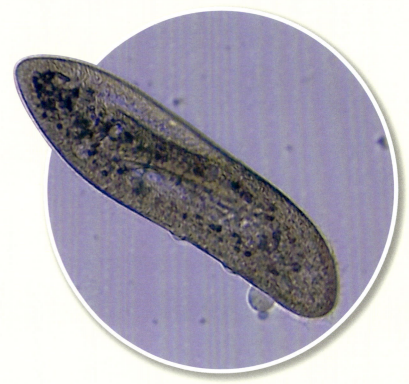

图1-3 草履虫（150×）

图1-4 沼轮虫（150×）

草履虫、轮虫和其他微小生物在池塘中快乐地生活着。

轮虫种类繁多，形体微小，长0.04~2毫米。图1-4中的轮虫为沼轮虫，它的头部可伸展出锯齿状的两个轮盘，并且轮盘可以转动。正是通过轮盘的转动，带有食物的水才能转入口。像这样神奇的生物，它们如精密机械般的结构，在给我们带来美的享受的同时，也给我们很多启迪。

微观世界异彩纷呈，为我们的生活增添了丰富的色彩。

水果也能为我们的生活增色，来看看草莓。当品尝着香甜的草莓时，你知道你吃的并不是草莓真正的果实吗？日常生活中所说的草莓的果实是假果，我们吃的香甜多汁的部分其实是草莓的花托，而草莓上面一粒一粒的小颗粒，那才是草莓真正的果实（也就是我们平常所说的草莓的"种子"），它是瘦果。让我们挑取一粒草莓"种子"，放在显微镜下观察。这是一颗鲜红的草莓"种子"——真正的果实，看起来像一个缩小版的"草莓"（图1-5），还带着一点未剥离的"果肉"（即一部分花托），像披了一件薄纱，散发着诱人的光泽。

图 1-5 草莓"种子"（30×）

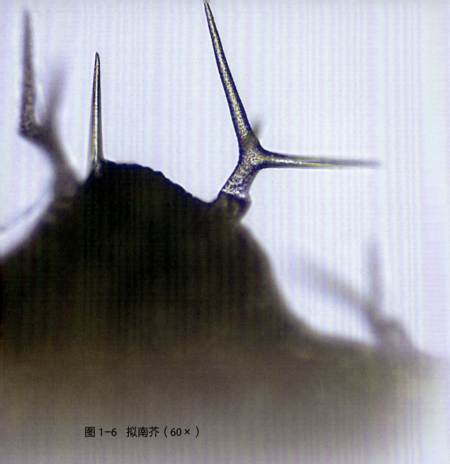

作为植物界的模式植物,拟南芥(图1-6)被称为"植物界的果蝇",它是研究遗传学的好材料。它的叶片表皮上有很多表皮毛,有三叉分支的,也有二叉分支的,晶莹剔透。它伸向空中的姿势,就像一个人在欢呼,满是喜悦。

图1-6 拟南芥(60×)

大蒜的根尖(图1-7)也是实验室中常用的研究材料。用醋酸洋红液处理后,不经意间,一幅抽象画横空出世!画中央的细胞团排列成一颗心的形状,上面一行细胞向右上方绵延而去,给人以向上的动力和无穷的遐想。

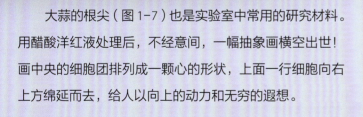

图1-7 大蒜根尖(40×)

染色是实验室中常用的一种处理方法,目的是更好地突出观测目标,得到更明确的实验结果。在观察乳酸杆菌(图1-8)时,就需要用革兰氏染色法进行染色。

我们喝的酸奶和吃的泡菜中就有很多乳酸杆菌。乳酸杆菌很小,经革兰氏染色后,在显微镜下要放大1 000倍以上才可以看到。它们或成群分布,或单独分布,形成了一个个形状各异的方阵,如御敌之前布下的天罗地网。

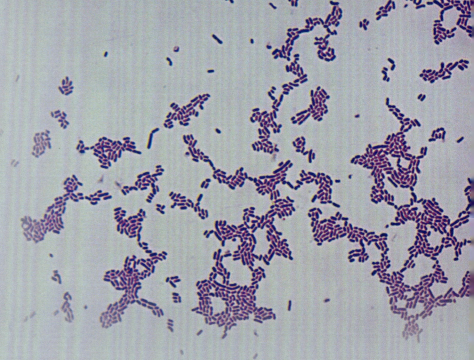

图1-8 乳酸杆菌(革兰氏染色,1000×)

偶尔捡到一根开叉的头发,不用染色,可以直接观察。

头发(图1-9)是皮肤的衍生物,主要成分为蛋白质。看起来光洁顺滑的头发,在显微镜下完全不是那回事。头发的表面是毛鳞片(死细胞),像老树皮。如果头发太干燥了,有些部位就会"开裂"。很难相信这就是我们的头发。这根开叉头发的两根"枝干"相互独立,基部却紧紧相连(图1-10)。

图1-9 头发表面(600×)

图1-10 开叉的头发(30×)

鸟类的羽毛也是表皮的角质化衍生物，是鸟类特有的结构。在一根虎皮鹦鹉的羽毛基部可以观察到辐射状排列的羽枝（图1-11），羽枝上有密密麻麻的羽小枝（图1-12），相邻羽枝上的羽小枝交错排列在一起，形成了一张紧密的网，使羽毛之间连接紧密，可以防水。由于羽毛上皮表面的凹凸沟纹和羽小枝内的小颗粒等对光线起折射和干涉等作用，因此，羽毛能形成丰富的色彩。平时看到的一根普普通通的羽毛，你能想到在显微镜下它是这么绚丽多彩吗？

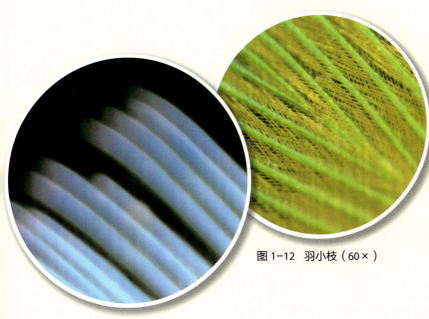

图 1-11 羽枝（30×）

图 1-12 羽小枝（60×）

鱼鳞也是表皮的衍生物，找片小鲫鱼的鳞片看看吧！

小鲫鱼的鱼鳞属于圆鳞，是真皮演变而来的骨质鳞片。不同部位的鱼鳞，有不同的纹路。观察鱼鳞（图1-13）的表面，会发现像"梯田"一样的景观，一畦畦，一行行，排列整齐而规律；从另一个角度看，鳞片充满金属质感，让人不禁惊叹生物体的鬼斧神工！

图 1-13 鱼鳞（150×）

02 池塘中的生命世界

你知道吗？池塘中的每一滴水都是一个精彩的世界，因为其中生活着各种各样的微小生物。有"手拉手"连成一串的蓝藻，有长得像弯弯月亮的新月藻，有长得像草鞋的草履虫，也有依附水生植物生活的微小动物。池塘中到底生活着哪些"神奇生物"呢？让我们来一探究竟吧！

图 2-1　金鱼藻叶片（150×）

走近一洼小池塘，首先映入我们眼帘的是各种水生植物。瞧，那种长得像带刺的绳子一样的绿色植物，就是金鱼藻。

在显微镜下，金鱼藻的细胞青翠欲滴，晶莹剔透，内含的叶绿体犹如一颗颗绿宝石，漂亮极了（图2-1）！

注意：金鱼藻可不是藻类植物，而是被子植物（又称绿色开花植物），属于金鱼藻科金鱼藻属，是多年生草本沉水性水生植物。因其茎细柔，在水中摇曳的姿态优美，又能进行光合作用，常用其作为水族缸中的布景植物。

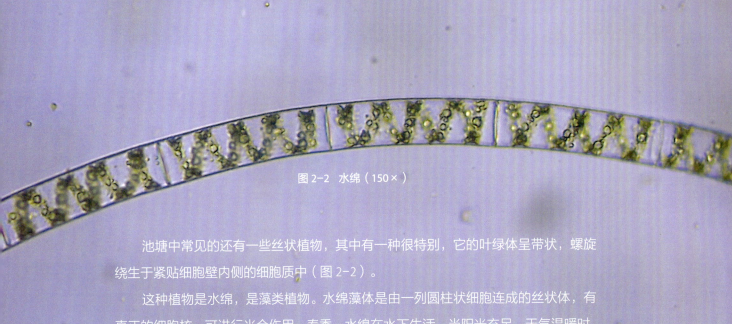

图 2-2 水绵（150×）

池塘中常见的还有一些丝状植物，其中有一种很特别，它的叶绿体呈带状，螺旋绕生于紧贴细胞壁内侧的细胞质中（图 2-2）。

这种植物是水绵，是藻类植物。水绵藻体是由一列圆柱状细胞连成的丝状体，有真正的细胞核，可进行光合作用。春季，水绵在水下生活，当阳光充足、天气温暖时，它们就可以进行光合作用产生大量氧气，由于比重变小，藻体会随氧气漂浮在水面上。因其表面有较多的果胶，所以用手触摸时感觉黏滑。在显微镜下，清晰可见叶绿体上有一列蛋白核。蛋白核由一个蛋白质核心和若干淀粉粒外围组成，是藻类植物蛋白质与淀粉的一种储藏形态（图 2-3）。

蛋白核

图 2-3 水绵（600×）

池塘中更多的是我们肉眼看不见的生物。

最多的是绿藻门的植物,包含很多种类(图 2-4)。

蛋白核小球藻,单细胞生物(原生生物),出现在 20 多亿年前,是地球上最早的生命之一,具有很强的光合作用能力。细胞呈圆形、椭圆形,内有一个杯状或片状的色素体。小球藻虽然个体微小,但生命力极强,因为它既能光合自养,也能在异养条件下利用有机碳源生长、繁殖,所以在世界各地均有分布。

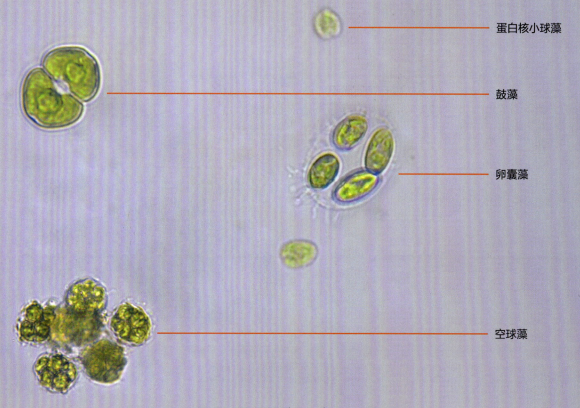

图 2-4 几种绿藻(600×)

鼓藻为单细胞，侧扁，中部环状凹陷称为缢缝(又称"藻腰")，缢缝一个细胞分为两个对称的半细胞。鼓藻分布广泛，对于水产养殖来说属于有益藻。

卵囊藻群体通常由2、4或8个细胞组成，在群体外面有一层果胶构成的胶质包被。

空球藻由多个细胞排列在球面上组成，群体中央是一个空腔，其中充满液体，无细胞分布。

同为绿藻门的盘星藻（图2-5）兼具科学和艺术之美，人见人爱！植物体由2~128个细胞构成，但多数由8~32个细胞构成。细胞排列在一个平面上，大体呈辐射状；每个细胞内有一个细胞核；细胞壁光滑，或具有各种突出物，有的还具有各种花纹。

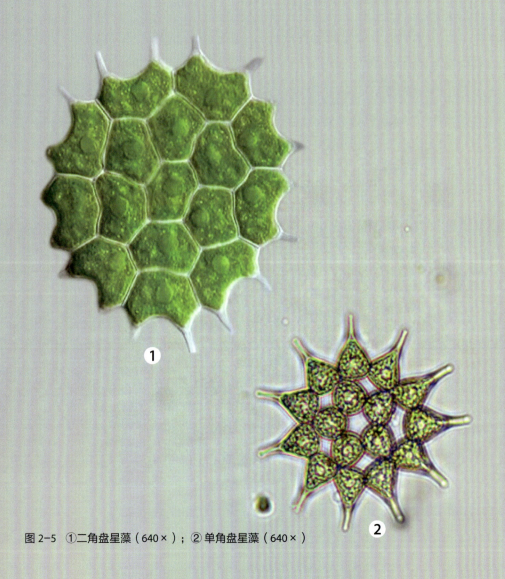

图2-5　①二角盘星藻（640×）；②单角盘星藻（640×）

新月藻的细胞为新月形，中央有一核，核两边各有一个叶绿体，想想都觉得很美（图2-6）！

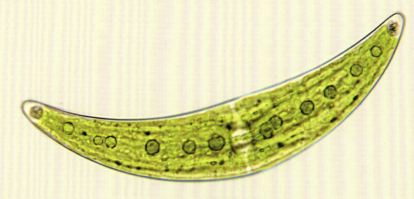

图 2-6　新月藻（1000×）

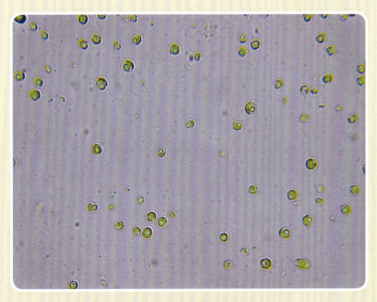

图 2-7　绿色游动阶段的雨生红球藻（600×）

绿藻门的红球藻，听名字应该是红色的，但有时是绿色的。原来这种藻类的生命历程要经过一个红色的休眠阶段，之后是一个绿色的游动阶段，再之后又是一个红色的休眠阶段，这种"变色生活"真有趣！它是目前科学界发现的继螺旋藻、小球藻之后，富含营养价值和药用价值的藻类食品。它能大量累积虾青素而呈现红色，故名红球藻，又称雨生红球藻。虾青素在抗氧化、抗肿瘤、增强免疫力、改善视力等方面都有一定的效果。当前，雨生红球藻被公认为自然界中生产天然虾青素的最好生物，利用其提取虾青素已成为近年来国际上天然虾青素生产的研究热点（图2-7）。

有一类绿藻喜欢排成整齐的队列相伴而行，它们就是栅藻（图 2-8~图 2-12）。

"藻如其名"，一个个栅藻细胞有规律地排列成小栅栏的样子，真可爱！栅藻是常见的重要淡水浮游藻类，繁殖快，营养价值高。植物体通常是由 2、4、8、16 或罕为 32 个细胞构成单列或双列的群体。细胞呈椭圆、卵圆、长筒、纺锤、新月形等，细胞壁光滑或有短刺。

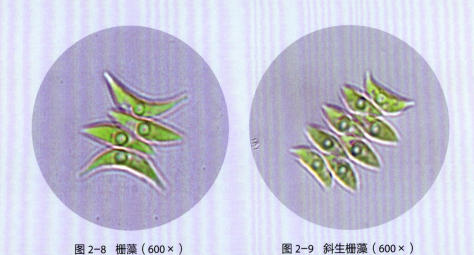

图 2-8　栅藻（600×）　　　　　图 2-9　斜生栅藻（600×）

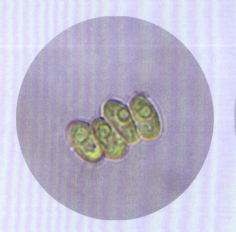
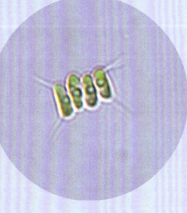
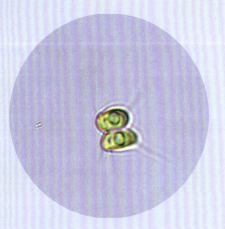

图 2-10　光滑栅藻（600×）　　图 2-11　古式栅藻（600×）　　图 2-12　龙骨栅藻（600×）

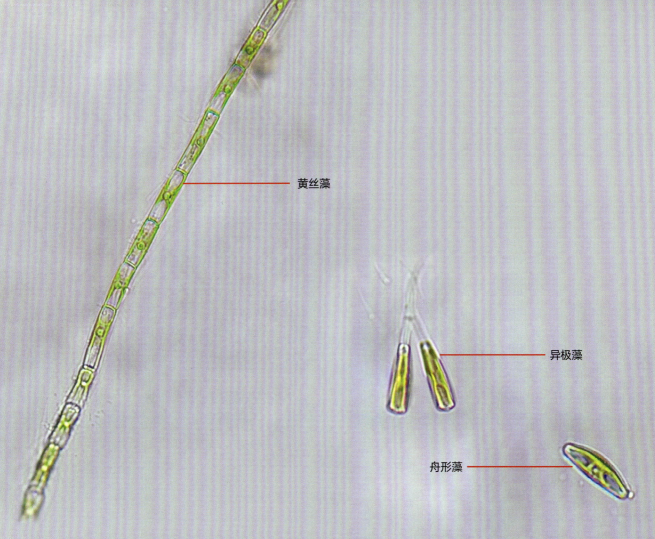

图 2-13 其他几种藻类（600×）

池塘中除了绿藻，还有其他藻类植物（图 2-13）。

硅藻门也是水体中不可小觑的一大部落。异极藻是一种硅藻，壳面呈棍棒状，一端比另一端粗，壳环面呈楔形，以胶质柄附着于其他物体上，常附生在水中各种基质或其他水生植物体上。

有一种硅藻由于其外形像舟形或椭圆形，中部宽而两端尖，像一只小船，故名舟形藻。舟形藻能进行光合作用，产生大量的氧气。它也是多种水生动物的主要食物。

黄藻门的黄丝藻，植物体为不分枝丝状体，细胞呈圆柱形，或两侧略膨大呈腰鼓形。细胞壁由两个相等的 "H" 形节片套合而成。

黄丝藻与小球藻一样，能进行光合作用，也能利用有机碳源生长、繁殖。研究发现，黄丝藻具有极高的产油脂能力，已通过多项实验建立了利用黄丝藻生产生物柴油及燃料乙醇的工艺。黄丝藻油脂中棕榈油酸的含量占总脂肪酸的50%左右，远高于其他常见微藻。而棕榈油酸属于ω-7单不饱和脂肪酸，除了具有促进甘油三酯降低、有益于心血管系统健康的作用，还被认为是一种新型激素，能够提高人体对胰岛素的敏感性，在2型糖尿病的预防、保健和治疗方面具有重要作用。

甲藻门的角甲藻是一类特别的生物，它既属于植物又属于动物（图2-14）。

角甲藻的细胞形状不对称，细胞内色素体多，呈小颗粒状。前后端常有突出的角，因其具有鞭毛，在分类上又可归入腰鞭毛虫类，兼具动植物的特征，真的很特别！在光照和水温适宜时，角甲藻能在短时期内大量繁殖，与硅藻一样成为海洋动物的主要饵料，故有"海洋牧草"之称。但同时也是形成 水华（或赤潮）的成员之一。

图2-14　角甲藻（1000×）

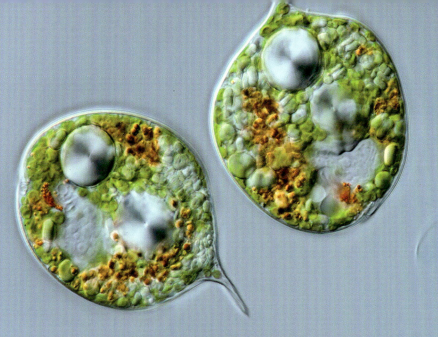

与角甲藻一样具有动植物双重性的还有裸藻门生物。裸藻门多数是有鞭毛、能自由运动的单细胞植物，但无细胞壁，故名"裸"藻。扁裸藻属于其中一种，背腹侧扁，正面观常呈圆形、卵形或椭圆形，有的螺旋状扭转，背侧隆起呈脊状，后端多延伸呈刺状，叶绿体呈圆盘形，无蛋白核（图2-15）。扁裸藻分布较广，为湖泊及其他小型静水水体中常见的浮游藻类，大量繁殖时可使水体呈绿色。研究发现，扁裸藻能将高浓度二氧化碳快速转化成粮食资源，比小球藻更适合作为食品。目前正在进行把它作为牛饲料的实验。

图 2-15　扁裸藻（1000×）

由上推测，植物和动物有共同的祖先。

在池塘水体中，除了大大小小的藻类植物，还存在各种小动物。

例如，甲壳动物水蚤，身体短小，一般体长0.3~3毫米，直接用肉眼也能看见一个白色的小点点在水中活蹦乱跳。用显微镜观察，就会发现它的头部有两对明显的触角，能在水中划动，为运动器官。胸肢有长刚毛，摆动时可将食物过滤后送入口中（图2-16）。

图 2-16　水蚤（150×）

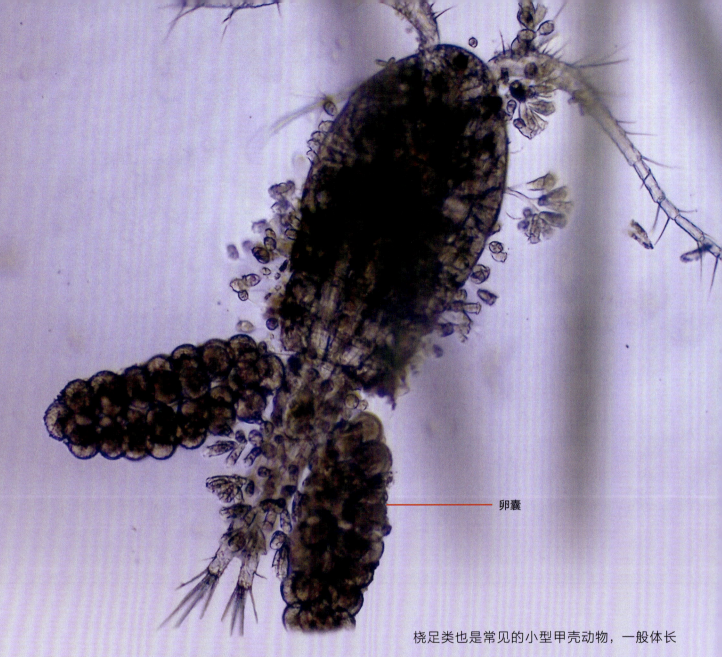

卵囊

图 2-17 带卵囊的雌性桡足类（150×）

桡足类也是常见的小型甲壳动物，一般体长 0.5~5 毫米，营浮游与寄生生活。身体纵长，分节明显，头胸部具有附肢，腹部无附肢，末端有一对尾叉，雌性腹部两侧或腹面常附有卵囊（图 2-17）。桡足类除了作为某些鱼类和无脊椎动物的良好食料外，还可作为测定水体污染的指示生物。

有池塘的地方，一般蚊子都比较多。你知道这是为什么吗？

蚊子的一生需经过卵、幼虫（孑孓 jié jué）、蛹和成虫四个时期，属于完全变态发育。蚊子喜欢把卵产在河水、水塘、花盆积水等处。卵孵化为孑孓，孑孓就以水中的微生物为食。它的胸部比头部和腹部宽大，靠着身体尾端的两个呼吸管靠近水面呼吸，在水中上下垂直游动，游泳时身体一屈一伸，因此也有人叫它"跟头虫"（图2-18）。

图2-18 孑孓（30×）

孑孓经过4次蜕皮后变为蛹，蛹最后在水面蜕皮羽化为成虫飞出来。

以上两种微小动物肉眼可见，还有很多肉眼不可见的微小动物奇特而又有趣！

在池塘中取一段水生植物的根或叶，放到显微镜下观察，常可见一种如钟形或圆筒形的动物，这就是钟虫。它有一根可伸缩的柄，口端有一圈明显的纤毛环，以细菌和微小的原生动物为食。当你看到它时，它一定正在快速地转着口端的纤毛形成水流，周围很多微小生物随水流被卷入它的口中。可有意思了（图2-19）！

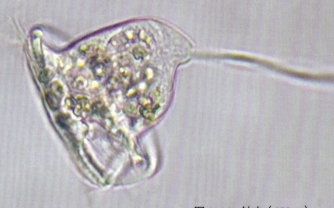

图2-19 钟虫（150×）

02 池塘中的生命世界　019

钟虫一般固定在一定的物体上，萼花臂尾轮虫也喜欢固定在一定的地方觅食。

萼花臂尾轮虫因其头部有一个由1~2圈纤毛组成的、能转动的轮盘，形如车轮，故名轮虫。多数轮虫靠轮盘纤毛环向同一方向的转动使水形成旋涡，食物便被沉入口中。轮虫的种类较多，有旋轮虫、萼花臂尾轮虫、壶状臂尾轮虫、裂足轮虫、剪形臂尾轮虫、沼轮虫（前文提过）等。其基本生活方式有两类，一类营浮游或兼性浮游生活；另一类营底栖、附着或固着生活（图2-20~图2-23）。

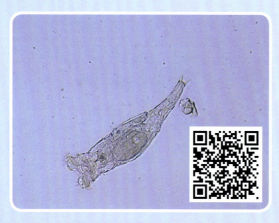

图 2-20　旋轮虫（150×）

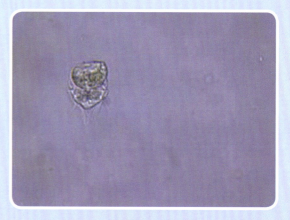

图 2-21　剪形臂尾轮虫（600×）

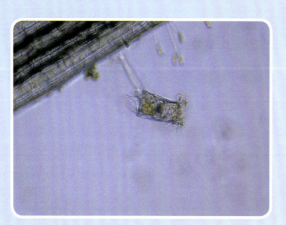

图 2-22　萼花臂尾轮虫（150×）

图 2-23　壶状臂尾轮虫（150×）

静态图看不过瘾？没关系，扫一扫二维码，来感受水体动态世界的精彩吧！

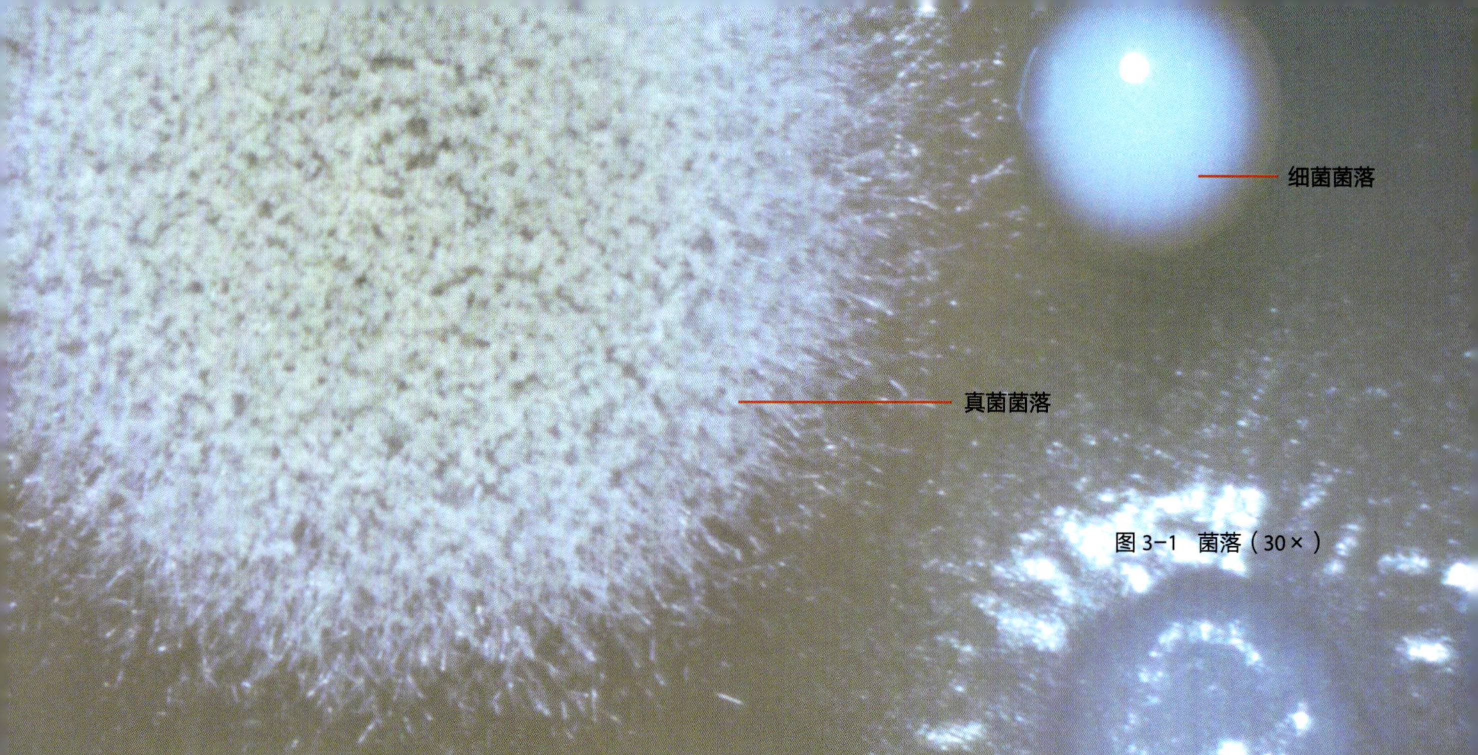

—— 细菌菌落

—— 真菌菌落

图 3-1 菌落（30×）

03 空气中的微生物

空气中存在大量的细菌、真菌、病毒等微生物。因为空气中没有微生物生长繁殖所必需的有机物、一定的水分和其他条件，不仅如此，日光中的紫外线还有强烈的杀菌作用，所以空气不是微生物生活的良好场所。但有的微生物很微小，随气流运动落在土壤、水体、各种腐烂的有机物以及人和动植物身上，还可以通过飞沫或尘埃等散布于空气中并长期悬浮其中。可见，空气中的微生物也是广泛分布的。

微生物的形态各异，体积很小，如病毒，必须要用电子显微镜才能看到。空气中有很多细菌和真菌，肉眼也不能直接观察，但可利用培养基将它们培养成菌落来进一步观察和鉴定。

菌落是指一个细菌或真菌繁殖后形成的肉眼可见的集合体。上图就是细菌菌落和真菌菌落（图3-1）。

细菌和真菌的菌落差别很明显，细菌菌落较小，表面或光滑黏稠，或粗糙干燥，外观多呈白色，边缘较整齐（图3-2、图3-3）；与细菌菌落相比，真菌菌落一般较大，呈绒毛状、絮状或蜘蛛网状，颜色更多样。

细菌

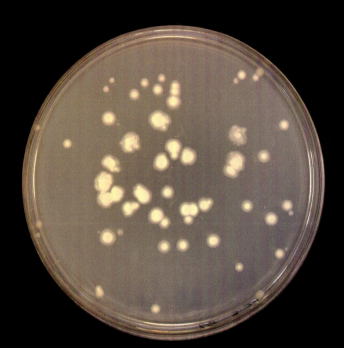

图 3-2　热红短芽孢杆菌菌落

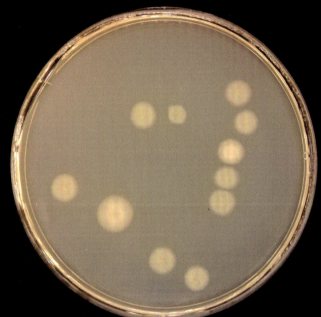

图 3-3　小木偶形芽孢杆菌菌落

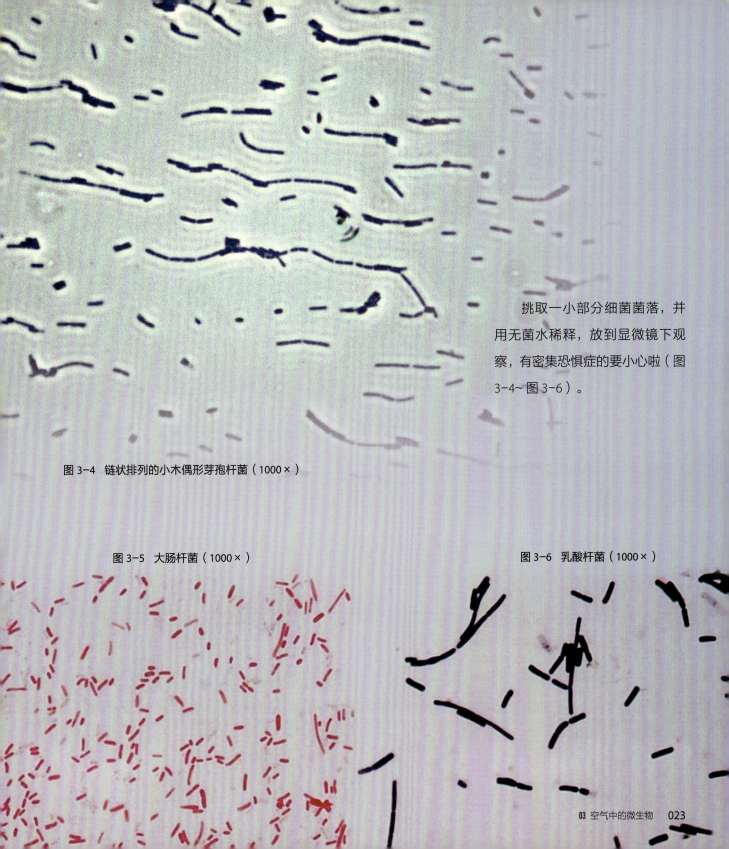

挑取一小部分细菌菌落,并用无菌水稀释,放到显微镜下观察,有密集恐惧症的要小心啦(图3-4~图3-6)。

图 3-4　链状排列的小木偶形芽孢杆菌（1000×）

图 3-5　大肠杆菌（1000×）

图 3-6　乳酸杆菌（1000×）

03　空气中的微生物

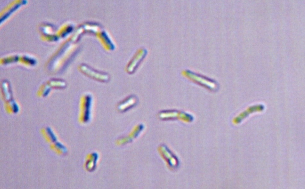

这些细菌个体都为杆状，统称杆菌，都是单细胞生物。体长1~10微米，宽0.5~2.5微米，非常小，大约10亿个细菌堆起来，才有一粒小米那么大。

有个别细菌的菌体像两根香肠首尾连在一起，呈"V"字形，这是为什么呢？原来这是细菌正在进行繁殖，这种繁殖方式叫作分裂生殖（图3-7）。

图3-7 杆菌（1000×）

细菌除杆状以外，还有球状和螺旋状，分别称为球菌和螺旋菌（图3-8、图3-9）。

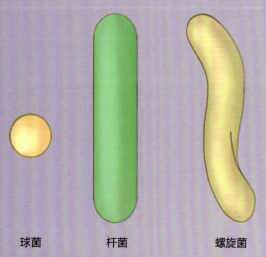

图3-8 细菌的三种形态模式图

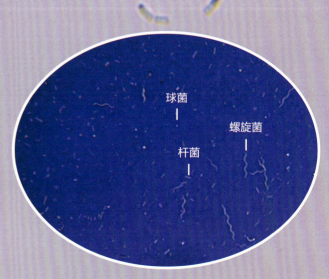

图3-9 细菌的三型涂片（600×）

我们的体表直接接触空气，也有很多细菌。不信？试着把脚趾或手指在无菌培养基上点一下，称为接种。培养几天，就会出现下面的菌落（图 3-10）。

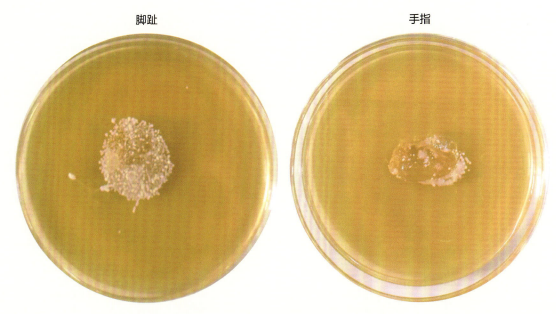

图 3-10 人的脚趾和手指接种培养的菌落

结合其他空间和物品取样接种结果来看（图 3-11~ 图 3-13），真菌菌落的形成速度更快。

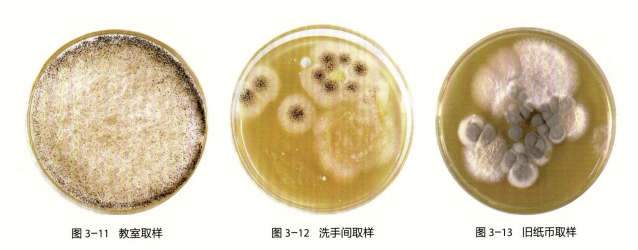

图 3-11 教室取样　　　图 3-12 洗手间取样　　　图 3-13 旧纸币取样

真菌

真菌相比细菌而言,更容易观察,不仅因为它的体形更大,还因为它形成的菌落有明显的颜色(图3-14~图3-16)。

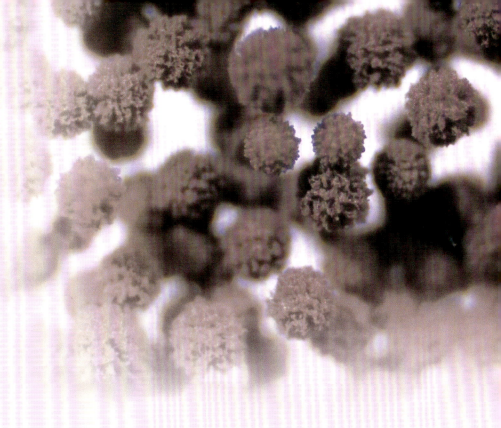

图 3-14 正在生长中的黑曲霉(150×)

图 3-15 老熟的黑曲霉(60×)

图 3-16 烟曲霉(60×)

真菌的菌落在不同的发育时期，颜色各不相同。未成熟时，菌落颜色较浅，成熟时颜色相对较深。因此，可以根据颜色来判断菌落的生长状况。

真菌菌落的表面大多呈绒毛状、絮状或蜘蛛网状，而细菌菌落的表面比较光滑，具体差别在哪里呢？

下面我们在显微镜下看看几种常见的真菌（图 3-17~图 3-24）。

图 3-17　青霉菌落（150×）

图 3-18　青霉有隔膜菌丝（600×）

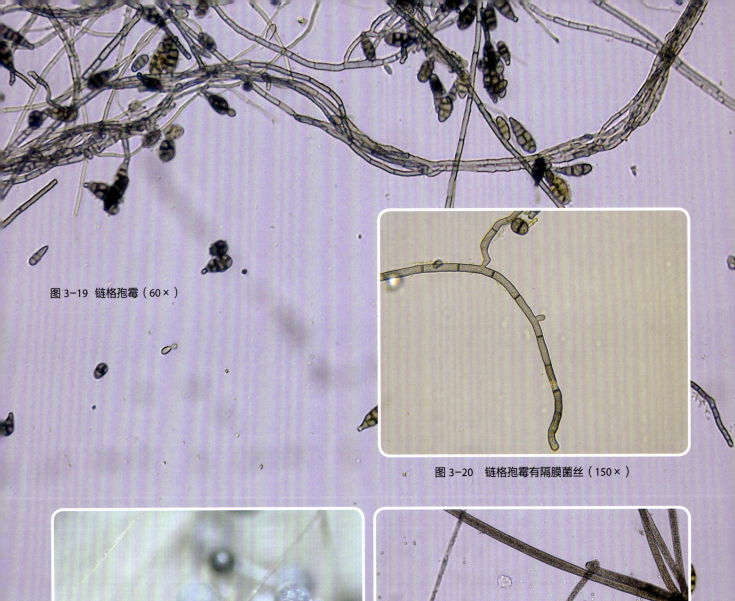

图 3-19 链格孢霉（60×）

图 3-20 链格孢霉有隔膜菌丝（150×）

图 3-21 根霉（150×）

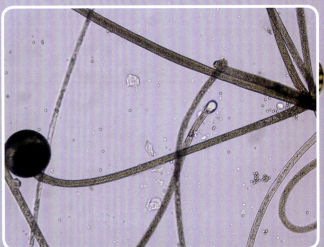

图 3-22 根霉无隔膜菌丝（150×）

图 3-23　毛霉无隔膜菌丝（60×）

图 3-24　黑根霉无隔膜菌丝（150×）

你肯定发现了，真菌菌落由许多菌丝构成。菌丝是一种管状细丝，可伸长并产生分枝，许多分枝菌丝相互交织在一起，构成菌丝体。

根据菌丝中是否存在隔膜，可把霉菌菌丝分成无隔膜菌丝和有隔膜菌丝两种类型。无隔膜菌丝中无隔膜，整团菌丝体就是一个单细胞，其中含有多个细胞核，如毛霉和根霉等。这是低等真菌所具有的菌丝类型。有隔膜菌丝中有隔膜，被隔膜隔开的一段菌丝就是一个细胞，菌丝体由很多细胞组成，每个细胞内有一个或多个细胞核，如青霉和链格孢霉。在隔膜上有一至多个小孔，使细胞之间的细胞质和营养物质可以相互交换。这是高等真菌所具有的菌丝类型。

菌丝体组成了真菌的营养体，当这些菌丝进行营养生活到一定时期时，真菌就形成各种繁殖体，如形成分生孢子梗，孢子（生殖细胞）顶生、侧生或串生，成熟后从孢子梗上脱落，如青霉和曲霉。有的菌丝体还可以形成一个膨大的结构——孢子囊，内含很多孢子，如毛霉和根霉等。我们平时看到霉菌菌落的粉尘状物就是它们的孢子，孢子的颜色决定了很多真菌菌落的颜色。

繁殖体也是真菌分类的依据之一，详细介绍见本书的 04 霉菌的繁殖体。

图 3-25 黑曲霉的分生孢子梗及孢子（600×）

这是黑曲霉的分生孢子梗及孢子（图 3-25），分生孢子梗呈球形，顶端着生着成串的球形孢子。看到它，不禁让人联想到蒲公英。和蒲公英的种子类似，真菌的孢子散落在适宜的环境中就会萌发，长出新的菌丝体。

孢子的形态、大小和颜色等，也是真菌种类鉴定的依据之一（图3-26、图3-27）。

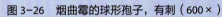

图 3-26　烟曲霉的球形孢子，有刺（600×）

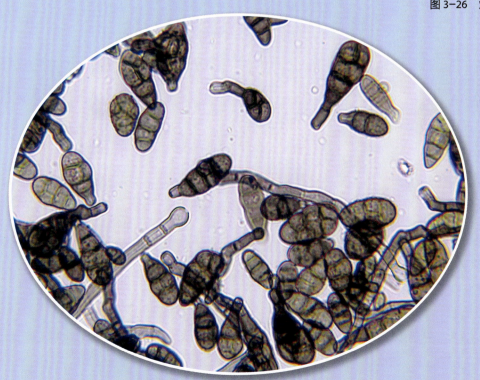

图 3-27　链格孢霉的棒槌状孢子（600×）

由此可知，真菌的菌丝体和繁殖体决定了大多数真菌菌落的表面呈绒毛状、絮状或蜘蛛网状。

综上所述，细菌比真菌小得多，两者不只是在形态上有差别，生殖方式也不同，细菌是分裂生殖，真菌多是孢子生殖，也有的真菌是出芽生殖，如酵母菌（图3-28）。

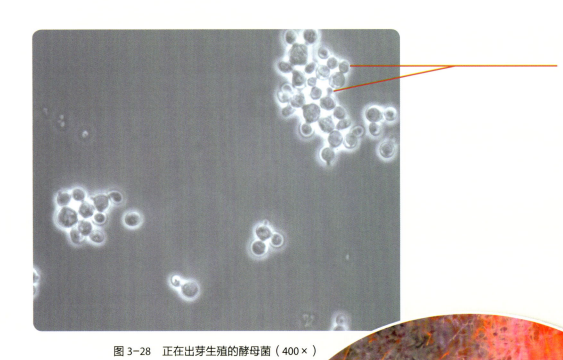

图3-28　正在出芽生殖的酵母菌（400×）

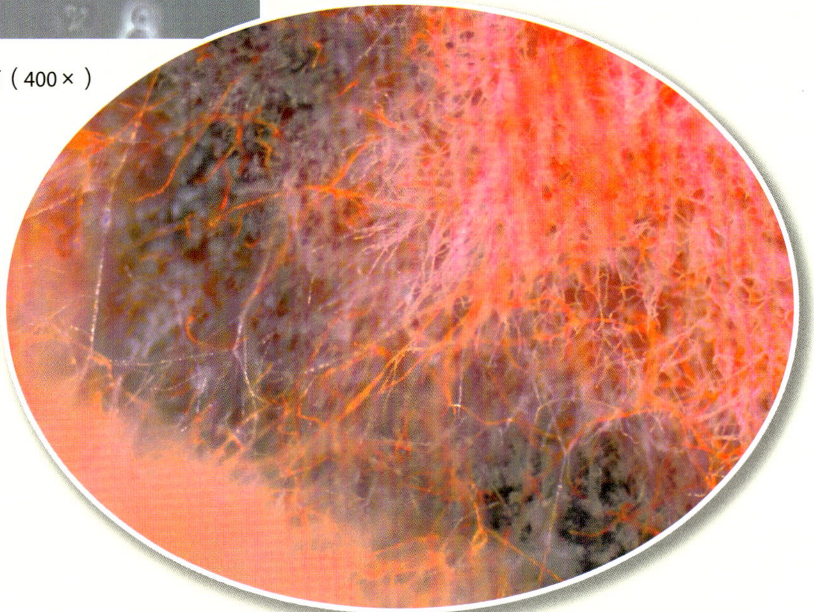

绝大多数微生物对人类和动植物是有益的，有些还是必需的。例如，利用乳酸杆菌制作乳酪、酸奶和泡菜等食品，利用细菌加速废水的处理；在我们肠道内的有益菌，能合成人体生长发育必需的维生素，参与人体代谢，与人体是互利共生的关系；用红曲霉属真菌接种于大米上，经发酵制备而成的红曲（图3-29），既是中药，又是食品。

图3-29　红曲霉（灰黑色部分为老熟的菌丝，150×）

早在 20 世纪 40 年代，人们就已经认识到真菌是制药的好原料和好帮手。如大家熟悉的抗生素——青霉素，就是真菌的代谢产物，可以用于治疗细菌感染。青霉素的问世，显著提高了许多传染病的治疗效果，减轻了病菌对人类生命的威胁，把人类的平均年龄从 40 岁提高到 65 岁。真菌的贡献真大！

真菌产生的抗生素约有 150 种，但实际常用的只有青霉素、灰黄霉素和头孢霉素等数种。还有很多真菌中尚有不少潜在的抗生素，有待人们发掘。

只有少数微生物会引起人类和动植物的病害，如某些真菌会引起稻瘟病，肺炎链球菌会引起肺炎等。

有一种名贵药材——冬虫夏草（图 3-30）。冬天，冬虫夏草真菌的菌丝体进入蝙蝠蛾的幼虫体内，以幼虫体内的营养物质来进行寄生生活，最后虽然虫体死亡，但虫体外表完整无损，还是一条"虫"。奇妙的是，到了夏天，菌丝体形成像草一般的结构——真菌子座伸出"虫"体外，这就是"夏草"。"夏草"刚出土时，真菌子座头部含有繁殖后代的子囊孢子，孢子就会在适合的条件下感染其他蝙蝠蛾幼虫，重新开发天地。

微生物的世界真奇妙！

图 3-30　冬虫夏草

无论细菌还是真菌，它们绝大多数是生态系统中的分解者，可以加快生态系统的物质循环，没有它们，地球上的动植物遗体、排遗物会堆积如山，人类也不能长期生存。

迄今为止，人类发现的微生物只占自然界中的很少一部分，其中很多奥秘还有待我们努力探索！

04 霉菌的繁殖体

你发现了吗？在高温潮湿的季节，馒头或面包等食物如果暴露在空气中，很容易就会发霉。霉斑一般呈绒毛状、絮状或蜘蛛网状，红、黑、白、绿各种颜色，揭示其生长了不同种类的霉菌。其实，引起食物发霉的常见霉菌有根霉、毛霉、青霉和曲霉等。当触碰霉菌时，手上会沾有特殊的"粉尘"，这就是霉菌的孢子。霉菌能通过孢子进行繁殖，而制造孢子的结构称为繁殖体，且不同种类霉菌的繁殖体形态结构各异，是进行种类鉴定的依据之一。

显微镜下各种霉菌的繁殖体都是怎样的呢？让我们来观察一下吧！

根霉的繁殖体——孢子囊

请你仔细观察，那矗立在空中的一把把球形"小伞"其实就是根霉的孢子囊（图 4-1）。

根霉是一种寄生于面包、馒头或米饭等营养基质上的真菌。向内部生长伸入基质的是晶莹剔透的营养菌丝，在基质外部向外生长的是直立菌丝。菌丝无隔膜、多核、分枝状，有匍匐菌丝和假根（图 4-2），借此可以在基质表面广泛蔓延。

图 4-1 根霉的孢子囊和孢子（150×）

假根

匍匐菌丝

图 4-2 根霉的假根和匍匐菌丝（150×）

根霉在假根处能向上长出透明直立的孢子囊梗，顶端膨大成长球形或球形的孢子囊，囊中产生孢子，成熟时孢子呈黑色球形，最外面是无色透明的孢囊壁（图4-3）。

图 4-3　发育中的根霉（150×）

未成熟孢子囊
（孢囊壁光滑）

成熟的孢子囊

图 4-4　根霉（150×）

成熟的孢子囊表面就像桑葚表面一般，上面布满了灰褐色或黑褐色的圆滑小球，这些小球就是根霉的孢子。孢子囊的孢囊壁破裂后可以向外散播孢子，孢子在空气中飘散，偶尔粘在透明的孢囊梗上，如同一只只小蚂蚁攀附其上。当遇到适合的环境时，孢子就会萌发和生长（图 4-4、图 4-5）。

根霉用途广泛，有些种类的淀粉酶活性很强，能酿造工业中常用的糖化菌，有的可产乳酸，有的也应用于激素和酶制剂等的生产。

图 4-5　散落的孢子（150×）

毛霉的繁殖体——孢子囊

与根霉一样,毛霉的繁殖体也是孢子囊,呈圆球形,未成熟时呈白色,成熟后转为灰白色直至黑色。囊内产生大量球形、壁薄、光滑的孢囊孢子(图4-6)。

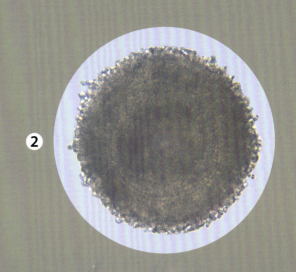

未成熟的白色孢子囊

成熟的孢子囊

图4-6 毛霉的孢子囊和孢子(① 60×;② 150×)

孢子成熟后孢子囊即破裂并释放孢子。显微镜下的某一对焦平面可以看到密集排列仍未散播出去的孢子，宛如成百上千粒青色的"豆子"（图4-7）。

毛霉的用途非常广泛，能糖化淀粉并生成少量乙醇，能产生大量蛋白酶，有分解大豆蛋白的能力，多用来制作豆腐乳、豆豉等发酵食品。

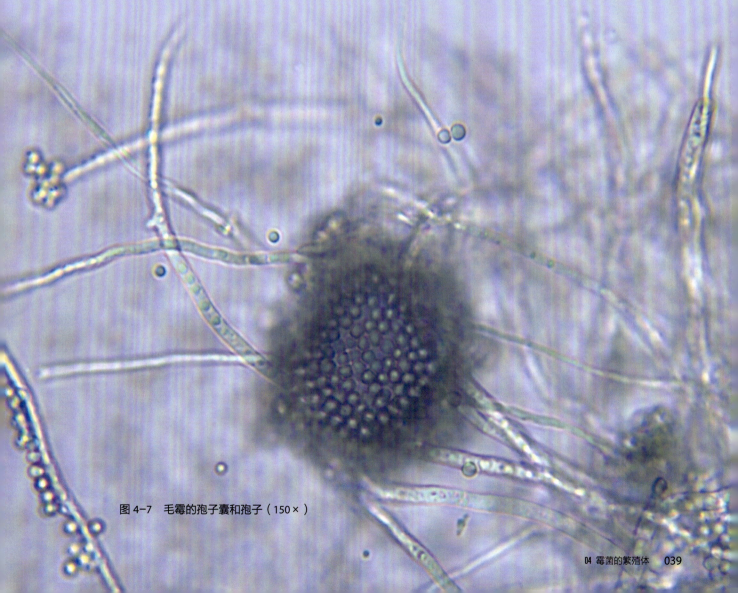

图4-7 毛霉的孢子囊和孢子（150×）

青霉的繁殖体——分生孢子梗

青霉没有孢子囊,其繁殖体是分生孢子梗。孢子梗顶端多次分枝成扫帚状,分枝顶端着生小梗,小梗上串生着分生孢子(图4-8)。这把小扫帚也是不断"磨损"的,因为孢子一旦成熟,便会从小梗上断开散落到周围的环境中。青霉的孢子是青绿色(图4-9),成熟青霉也是青绿色。

青霉能产生青霉素,杀死如葡萄球菌等细菌,因此青霉是用来提取青霉素的原料用菌。现在培养的用来生产青霉素的青霉是经过多代诱变的菌种,其青霉素的生产能力大大提高。但是现在医院很少使用青霉素了,其中的原因是多方面的,感兴趣的话,可查阅相关资料或进行调查深入了解。

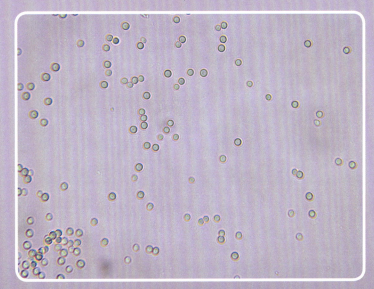

图4-9 青霉的孢子(600×)

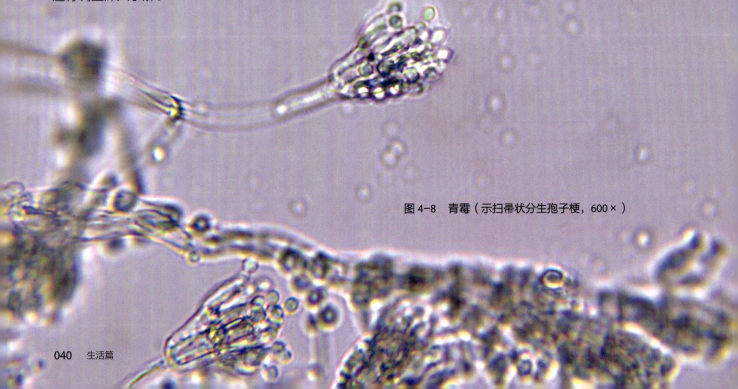

图4-8 青霉(示扫帚状分生孢子梗,600×)

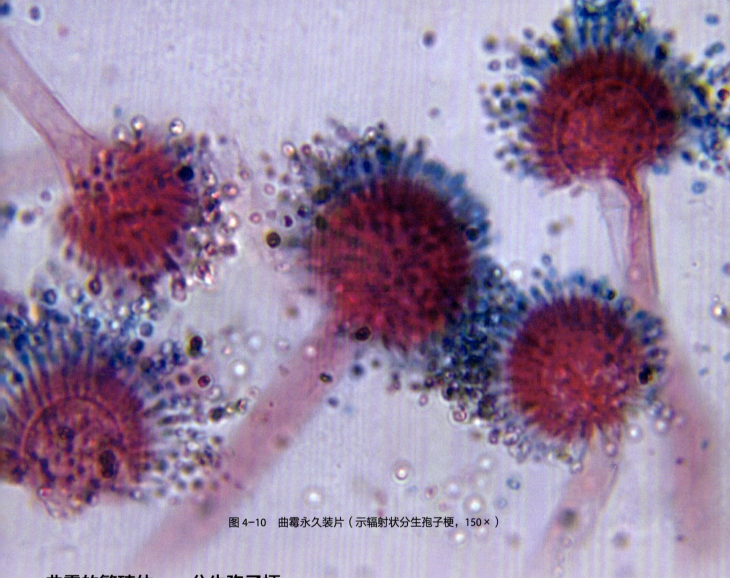

图 4-10　曲霉永久装片（示辐射状分生孢子梗，150×）

曲霉的繁殖体——分生孢子梗

　　曲霉的种类很多，菌丝有隔膜，繁殖体都是分生孢子梗，但形态与青霉的不同。

　　分生孢子梗整体呈现一个辐射状圆头，如同头发带上静电后竖起的样子。"头"其实是分生孢子梗顶端膨大形成的顶囊，辐射状的"发"其实是顶囊表面长满的一层或两层辐射状小梗（初生小梗与次生小梗）。而最上层的小梗顶端着生着成串的球形分生孢子，形成"发梢"结构。顶囊、分生小梗、成串的分生孢子等合称孢子穗，不同曲霉孢子穗的形态差异以及孢子分别呈绿、黄、橙、褐、黑等颜色，这些都是菌种鉴定的依据之一（图 4-10~图 4-12）。

因为曲霉具有能分解蛋白质等复杂有机物的酶，所以常用于酿造业和食品加工，已被利用的曲霉有近60种。如酒曲和醋曲中就有大量的曲霉。现代工业常利用曲霉生产各种酶制剂、有机酸等。曲霉家族中也有一些对人类有害的种类。例如，长期放在阴暗处的豆子或花生上往往长出黄曲霉。黄曲霉毒素中毒可能诱发肝癌，严重会造成死亡。因此，久置发霉的豆子或花生绝不能食用，也不能当饲料。

空气中散布着许多霉菌孢子，它们的生长和繁殖需要一定的条件，比如有机物、一定的水分和适宜的温度等。如果你不想家里的物品或食物发霉，那就要注意将它们存放到干燥、低温的地方。

图 4-11　黑曲霉（150×）

图 4-12　老熟的烟曲霉（60×）

05　大白菜的叶与花

　　宋代苏颂的《本草图经》中写道："扬州一种菘，叶圆而大……啖(dàn)之无滓(zǐ)，绝胜他土者，此所谓白菜。"《本草纲目》中记载："菘性凌冬晚凋，四时常见，有松之操，故曰菘。"这里的"菘"，指的就是白菜类。北方俗称的大白菜，南方俗称的黄芽菜，都属于菘的一种。大白菜的寓意很丰富，首先，大白菜的颜色和外形使它有了清清白白的寓意；其次，白菜与"百财"谐音，而"百财"有聚财、招财、发财、百财聚来的含意。因此，无论从雅的层次还是俗的层次上来说，都易被人接受。

大白菜是我国各地常见的蔬菜，素有"菜中之王"的美称，在蔬菜消费中不可替代，冬季仍是居民家庭、食堂餐桌的当家菜。大白菜耐储存，中国北方老百姓对大白菜有着特殊的感情。在经济困难时期，大白菜是整个冬季唯一可吃的蔬菜，一户人家往往需要储存数百斤大白菜以应付过冬。在气温为-5℃左右时，大白菜也完全可以在室外堆储安全过冬，其外部叶子干燥后可以为内部保温。如果温度再低，则需要窖藏。在我国过于寒冷的北方，还有另外几种冬季储存大白菜的方法，如在东北东部腌制冬菜；在东北西部、内蒙古东部和河北北部寒冷的地区，则习惯用渍酸菜的方法储存。

大白菜除作为蔬菜供人们食用外，还有药用价值。大白菜性味甘平，有清热除烦、解渴利尿、通利肠胃的功效，可防止维生素C缺乏症（坏血病）。大白菜中含有大量的粗纤维，可增强胃肠的蠕动，减少粪便在体内的存留时间，帮助消化和排泄，从而减轻肝、肾的负担，防止多种胃病的发生。大白菜中含有一些微量元素，具有一定的药用价值。

原来，大白菜的价值这么高！你是否有兴趣了解一下呢？

大白菜属于两年生绿色开花植物。它的根、茎、叶称为营养器官，是大白菜第一年主要生长的器官，大白菜的茎缩短，叶肥厚；花、果实、种子称为生殖器官，是大白菜第二年主要生长的器官（图5-1）。我们食用大白菜的部位有叶、茎和花，不过，一般不等花开就收割食用了。

大白菜各器官都是由不同的组织构成的，5大基本组织的分生组织、保护组织、输导组织、营养组织和机械组织，它们分布在大白菜的不同部位，并发挥着相应的功能。

大白菜营养器官的叶由叶片和叶柄两部分组成。它的叶是由哪些组织构成的呢？组成这些组织的细胞有什么不同呢？轻轻撕取一小片大白菜叶，你会发现一层透明的薄膜，这就是大白菜叶的表皮，属于保护组织。

图5-1　大白菜

保护组织

表皮属于植物的保护组织，由紧密排列的细胞组成，覆盖在植物体外起保护作用，还能避免植物体内的水分过度散失。同样是表皮，在大白菜叶柄处与叶片处却略有差别。大白菜叶柄处的表皮是由无色透明、形状不规则的多边形细胞组成的（图5-2），而叶片处的表皮细胞间还有一些保卫细胞（图5-3）。这些保卫细胞相对表皮细胞要小很多，仔细观察你会发现两个半月形的保卫细胞内含有若干特别小的绿色小球，这便是叶绿体。保卫细胞中的叶绿体虽然比较小，数量也比较少，但是它们的代谢活动对保卫细胞的功能有重要意义。研究发现，正是叶绿体进行光合作用产生有机物的多少影响着保卫细胞的膨压，从而影响保卫细胞的形态，控制气孔开度的大小（详情请看《细胞篇》中的02植物散失水分和气体交换的通道——气孔）。

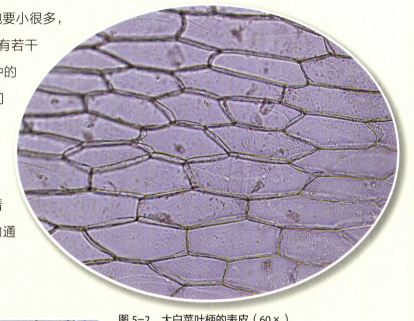

图 5-2　大白菜叶柄的表皮（60×）

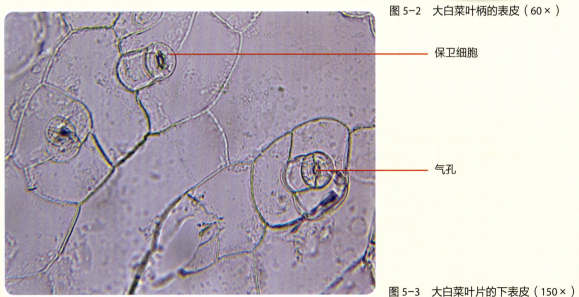

保卫细胞

气孔

图 5-3　大白菜叶片的下表皮（150×）

营养组织

　　大白菜叶柄的表皮下面就是肥厚的营养组织，这里的薄壁细胞呈椭圆形或者多面体形，细胞体积巨大且排列疏松，每个细胞中含有透明的大液泡，其中储藏着大量的水分和丰富的营养物质（图5-4）（详情请看《细胞篇》中的05 味美多汁储量大——营养组织）。

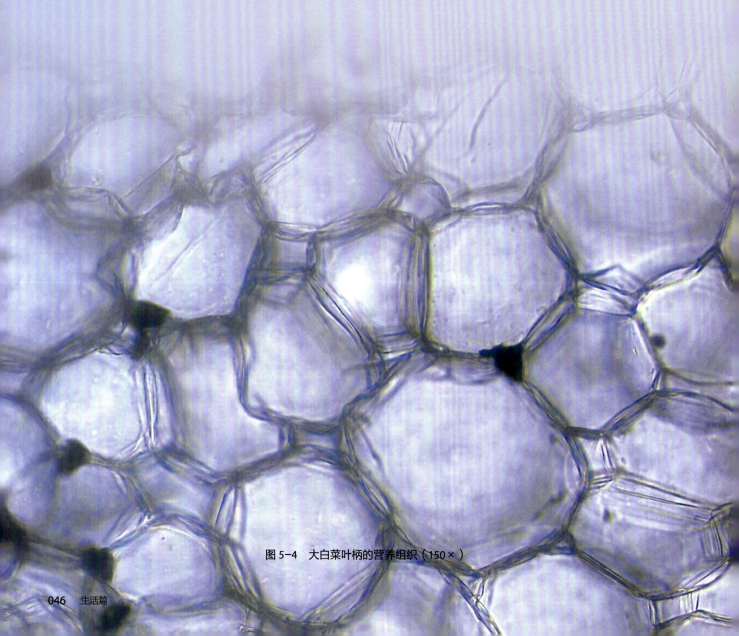

图 5-4　大白菜叶柄的营养组织（150×）

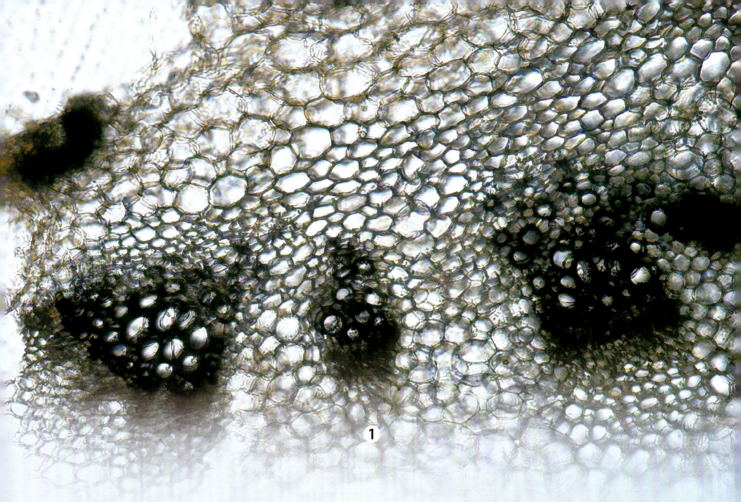

输导组织

掰开大白菜的叶柄，你会发现在洁白的营养组织中间，散布着一条条平行的细丝，这就是我们俗话说的"菜筋儿"，它是大白菜中负责物质运输的输导组织，水、无机盐以及有机物的运输都离不开它。观察输导组织的横切面，我们可以看到很多成束的孔径不一的"中空管道"断面，这便是导管和筛管了（图5-5）。

图5-5 大白菜叶柄的输导组织（① 100×；② 400×）

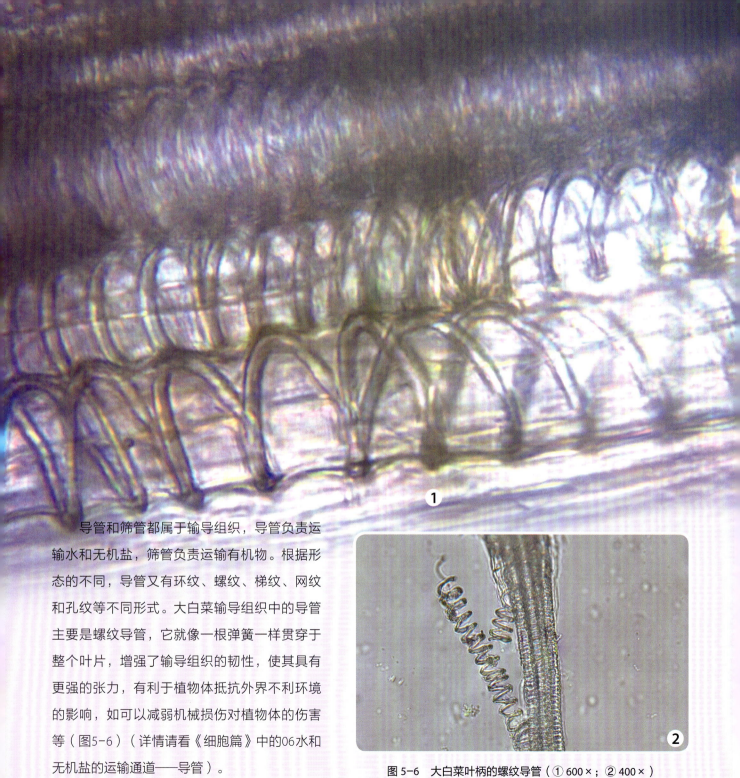

导管和筛管都属于输导组织，导管负责运输水和无机盐，筛管负责运输有机物。根据形态的不同，导管又有环纹、螺纹、梯纹、网纹和孔纹等不同形式。大白菜输导组织中的导管主要是螺纹导管，它就像一根弹簧一样贯穿于整个叶片，增强了输导组织的韧性，使其具有更强的张力，有利于植物体抵抗外界不利环境的影响，如可以减弱机械损伤对植物体的伤害等（图5-6）（详情请看《细胞篇》中的06水和无机盐的运输通道——导管）。

图 5-6 大白菜叶柄的螺纹导管（① 600×；② 400×）

可见，一片大白菜叶是由许多形态不同的细胞组成的，而形态结构相似、功能相同的细胞联合在一起形成组织，不同的组织按一定的次序结合在一起，形成具有一定功能的器官。

大白菜的生殖器官——花，也是由多种组织构成的吗？

立春时节，我国北方的人们经常用切菜剩下的大白菜"疙瘩"削成宝塔状，然后放入一个盛水的小碟子中，放到室内温暖向阳的地方。两三天后，你会看到叶柄基部的缝隙中有小芽冒出，而中央则抽出一根很高的茎，顶端浓绿的一轮叶子中央，有一簇绿色的花蕾。再过两三天，就能看到一朵朵小黄花盛开了，它们在阳光或灯光下格外灿烂，一丝沁人心脾的清香也会弥漫整个房间（图5-7）。

其实，将花作为一个器官来看并不科学，花的萼片、花冠、雄蕊、雌蕊都可以看作变态的叶，而花的整体实际上是缩短的枝条。花的每一部分其实都可以看作类似于叶的一个器官，花的每一部分都是由多种组织构成的。例如，花冠也有保护组织，营养组织、输导组织等。

在显微镜下观察大白菜成熟的雄蕊（图5-8），能看到花药开裂外翻，成千上万淡黄色的花粉粒密密麻麻堆集在一起，无声地展示着它强大的繁殖能力。

图 5-7 大白菜的花

图 5-8 大白菜的雄蕊（150×）

我们收集一些花粉粒，将其放入适宜的蔗糖溶液中进行培养。离体的大白菜花粉粒生命力较弱，如果在其中添加一定浓度的赤霉素，就可以促进花粉管的萌发。在显微镜下观察，可以看到它们宛如一粒粒正在发芽长出幼根的"小绿豆"（图5-9）。

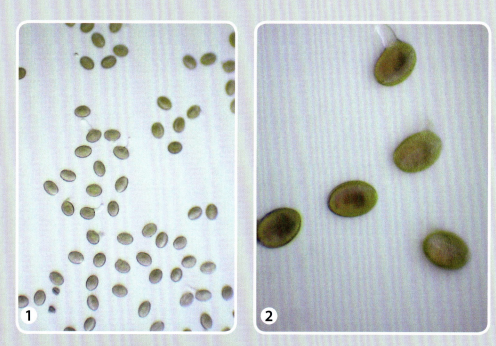

图 5-9　大白菜的花粉粒（部分花粉粒已萌发出花粉管，① 150×；② 600×）

在自然状态下，成熟的花粉粒黏附在柱头上。经过相互识别，被柱头接受的有亲和性的花粉粒吸水膨胀后，内壁经外壁上的萌发孔向外突出形成花粉管，不断向子房内部延伸，最终到达胚珠部位并将精子输送到胚珠。花粉粒中储存的酶和各种代谢物质，是花粉粒萌发的重要因素。例如，花粉粒和花粉管中存在的角质酶，可降解大多数植物柱头表面的角质层，使花粉粒能从柱头组织中吸收萌发所必需的水分，并为花粉管的生长打开通道。花粉粒中储存的代谢物质为花粉管的最初生长提供了物质基础。另外，湿性柱头表面的分泌物，为花粉粒的萌发提供了必需的基质，对花粉粒的萌发可起促进（同种）或抑制（异种）的作用。在柱头和花柱组织中普遍存在的硼元素，能增加氧的吸收以及促进糖的吸收和代谢，有利于果胶的合成，因而对花粉粒的萌发和花粉管的生长起促进作用。一旦植物缺乏硼元素，就有可能出现只开花不结果的现象。

看似普通的大白菜，不管是营养器官还是生殖器官，在显微镜下都会有那么多的发现。有机会的话，你可以尝试自己播种大白菜，继续观察其根、茎、果实等其他器官。

06　叶绿体中的淀粉粒

我们知道,植物光合作用的场所是叶绿体,叶绿体是植物细胞的能量转换器之一,它们能够将二氧化碳和水转变为糖类等有机物,产生并释放氧气,同时将光能转化为化学能储存在有机物中。叶绿体是世界上成本最低、创造物质财富最多的"生物工厂"。

1880年,法国植物学家、植物叶绿体的发现者席姆佩尔证明淀粉是植物光合作用的产物。1883年,他经研究发现淀粉只在植物细胞的特定部位合成,并将其命名为叶绿体。植物叶绿体中是否含有淀粉呢?有什么办法可以鉴定呢?

遇碘变蓝是淀粉的特性,可以通过这一性质对叶绿体中的淀粉进行鉴定。

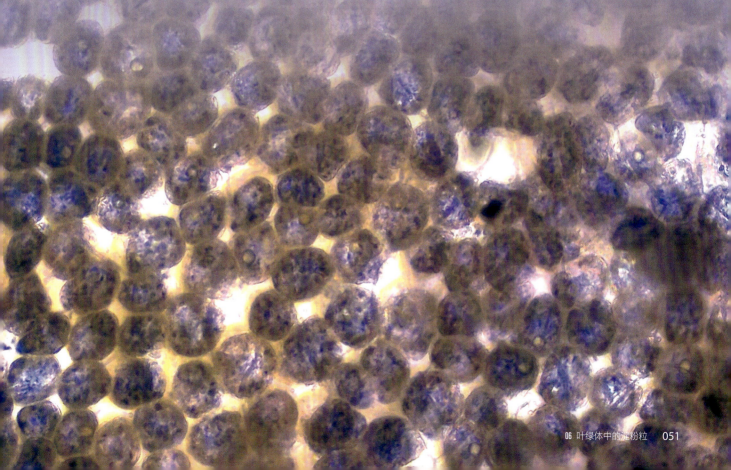

天竺葵叶片叶绿体中的淀粉

按以下步骤处理天竺葵：暗处理（放到黑暗处一昼夜）→叶片部分遮光后光照 4 小时→摘下叶片去掉黑纸片→用热酒精给叶片脱色→漂洗后滴加碘液检验→冲掉碘液观察叶片。

对比观察酒精脱色后的天竺葵叶片，碘液染色后叶片未遮光部分明显变成蓝黑色，说明有淀粉存在，遮光部分没有变蓝，说明这部分没有进行光合作用，没有积累淀粉（图 6-1、图 6-2）。

图 6-1　叶片碘液染色前　　图 6-2　叶片碘液染色后

图 6-3　叶肉细胞（碘液染色，600×）

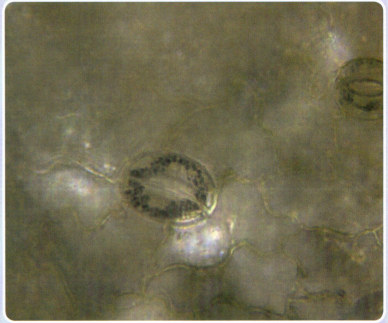

图 6-4　下表皮细胞（碘液染色，600×）

取一部分着色部位的叶片，在显微镜下观察叶肉细胞和下表皮细胞。能明显看到叶肉细胞中有蓝黑色的椭圆形小球体，这就是叶绿体。由于叶绿素已经溶于热酒精离开细胞，因此叶绿体原来的绿色消失，又因其含有淀粉，所以遇碘变蓝。仔细观察叶片下表皮细胞，组成气孔的保卫细胞内也有蓝黑色小颗粒，说明保卫细胞有叶绿体，叶绿体内含有淀粉，也间接证实了保卫细胞中的叶绿体体积较小（图 6-3、图 6-4）。

非洲凤仙叶片叶绿体中的淀粉

用与天竺葵同样的方法处理非洲凤仙叶片。结果显示，同天竺葵相比，非洲凤仙的叶片碘液着色较深，每个叶肉细胞中均含有大量叶绿体，且在特定的时间内（经历 4 小时光照）积累了大量淀粉。

在低倍镜下观察，每个细胞着色偏蓝，如同在发光的玻璃板上铺满一层蓝宝石籽料。在高倍镜下观察，叶绿体的轮廓不甚清晰，每个叶绿体中的蓝色呈丝絮状（图 6-5）。在下表皮的保卫细胞中，也能隐约看到叶绿体的轮廓（图 6-6）。

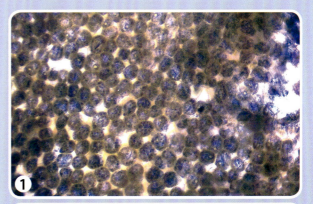

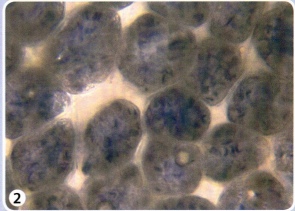

图 6-5　非洲凤仙叶肉细胞（碘液染色，① 150×；② 600×）

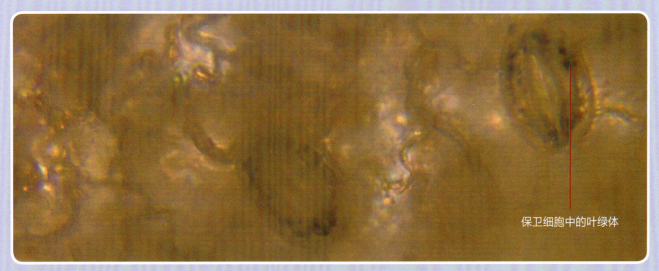

图 6-6　非洲凤仙叶片下表皮细胞（碘液染色，600×）

天竺葵和非洲凤仙属于碳三植物（C_3植物），还有些植物属于碳四植物（C_4植物），如玉米、甘蔗、高粱、苋菜等。C_3植物和C_4植物主要以其光合作用的途径来区分。与C_3植物相比，C_4植物具有二氧化碳利用率高、需水少等许多优点，所以其生长能力更强，适于在干旱环境生长。这两种植物的叶片结构也很有意思，让我们深刻理解结构与功能相适应的自然法则。

比较可知，C_4植物在维管束周围有两种不同类型的细胞：靠近维管束的内层细胞称为鞘细胞，围绕着鞘细胞的外层细胞是叶肉细胞。叶肉细胞和维管束鞘细胞的排列很像"花环"结构（图6-7）。在光合作用中，简单来讲，就是"花环"的叶肉细胞吸收二氧化碳，形成一种C_4化合物，然后送到鞘细胞内，形成C_3化合物，最后在鞘细胞内形成淀粉等有机物。这是因为两种不同类型的细胞各具有不同的叶绿体。叶肉细胞中的叶绿体具有发达的基粒，维管束鞘细胞的叶绿体中却只有很少的基粒，而有很多大的卵形淀粉粒。

马齿苋是一种典型的C_4植物，我们来比较一下。

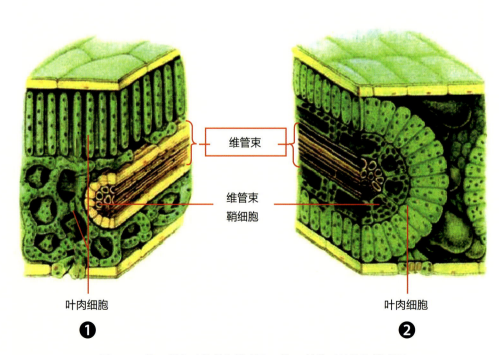

图6-7　①C_3植物叶片结构模式图；②C_4植物叶片结构模式图

马齿苋叶片叶绿体中的淀粉

马齿苋叶片叶绿体中积累的淀粉"表现"很惊艳。曝光4小时的叶片几乎被碘液染成黑色,已经初步彰显其强大的光合能力(图6-8、图6-9)。

放到显微镜下观察,发现其着色的部位几乎与叶脉重合,从而勾勒出其独特的、漂亮的纹理。在低倍镜下可以看到,表皮细胞上零星点缀着小嘴巴——气孔。原来,组成气孔的两个保卫细胞也被着色了(图6-10)。

图6-8 叶片碘液染色前

图6-9 叶片碘液染色后

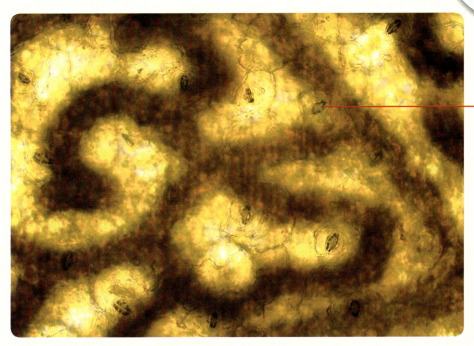

图6-10 叶脉纹理(碘液染色,150×)

剖开叶脉，能明显看出着色的部分其实是维管束鞘细胞。再放大观察，终于看清楚维管束鞘细胞中成堆的饱满着色的叶绿体，犹如一簇簇的"黑珍珠"。结果说明，其淀粉积累量很大，几乎充满了整个叶绿体。反观叶肉细胞，叶绿体几乎并不着色（图6-11），这是因为叶肉细胞中的叶绿体缺乏相应的酶，其更多行使二氧化碳泵的功能，能将外界低浓度的二氧化碳源源不断地运送到维管束鞘细胞，这些细胞中的叶绿体才有强大的有机物合成能力。在我们脑海中浮现的是这样的"生物工厂"：小小的细胞繁忙而有序，分工明确，密切合作，成品源源不断产出。让人不禁感叹植物强大的生存能力！感叹大自然的奇妙法则！

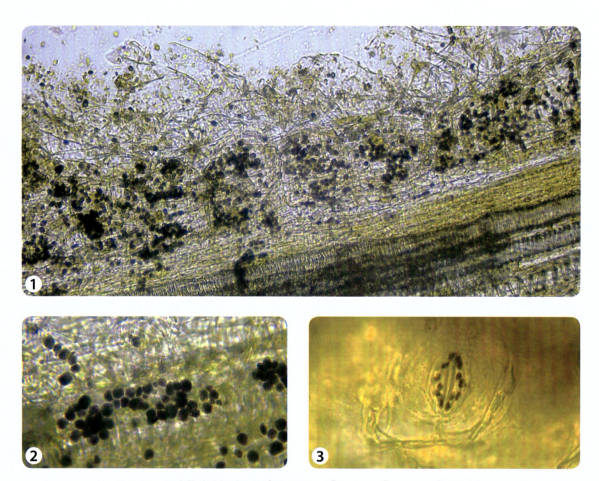

图6-11　马齿苋叶片的叶绿体（碘液染色，① 150×；② 600×；③ 600×）

上面提及的植物都属于陆生植物，水生植物又是怎样的呢？我们来看看高等水生植物金鱼藻的情况吧！

金鱼藻叶片叶绿体中的淀粉

顾名思义，金鱼藻经常与金鱼生活在一起，它可以为水增加溶解氧，从而使金鱼自由自在地生活（图6-12）。实际上，金鱼藻普遍生长在池塘、水沟和湖泊的静水处。

图 6-12　金鱼和金鱼藻

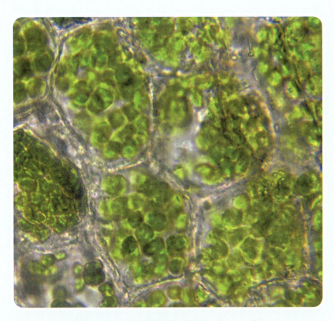

图 6-13　生活状态的叶绿体（600×）

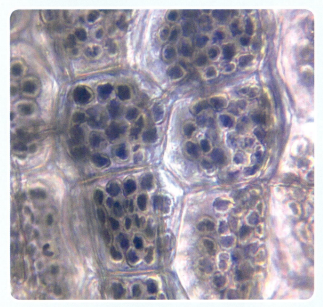

图 6-14　碘液染色的叶绿体（600×）

绿蓝转换，一生一死。生活状态的叶绿体，叶绿素丰富，"翠玉成团"（图6-13）。碘液染色的叶绿体，淀粉积累丰富，"蓝石成簇"（图6-14）。真美！

综上所述，相信你对高等植物叶绿体积累淀粉的功能已经有了更加系统的认识。你还对哪些植物的叶绿体感兴趣呢？不妨用碘液染色的方法去探究吧！

叶绿体进行的光合作用为生物圈其他生物的生存提供了有机物和氧气，其速率在不同的植物中有所不同，比如 C_3 植物和 C_4 植物，你有兴趣去研究一下吗？

07 有"年轮"的淀粉粒

你一定吃过醋熘土豆丝,感觉非常爽滑可口,这离不开其中淀粉的贡献;而土豆淀粉做成的粉条也是炖砂锅和涮火锅的重要食材;市售的土豆淀粉是将土豆磨碎后揉洗、沉淀制成的。你可能会问:淀粉在土豆中是怎样存在的呢?我们可以通过显微镜来一探究竟。

土豆（马铃薯）块茎中的淀粉粒

　　观察马铃薯块茎切片，在低倍镜下看到的淀粉粒犹如一堆堆封冻在大冰砖中的白色鹅卵石。用刀片轻轻刮破一些细胞，将其中的淀粉粒释放出来以后，涂在载玻片上，我们看到的淀粉粒犹如一粒粒凝脂晶莹剔透（图7-1）。

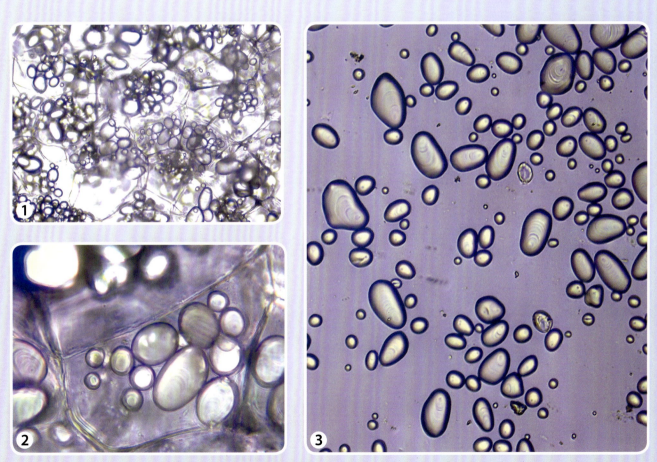

图 7-1　马铃薯块茎中的淀粉粒（① 150×；② 600×；③ 150×）

淀粉粒的结构

淀粉是葡萄糖聚合而成的化合物，它是植物细胞中糖类最普遍的储藏形式，淀粉在细胞中常以颗粒状态存在，称为淀粉粒。淀粉粒在高倍镜下是怎样的？有没有特定的结构呢？

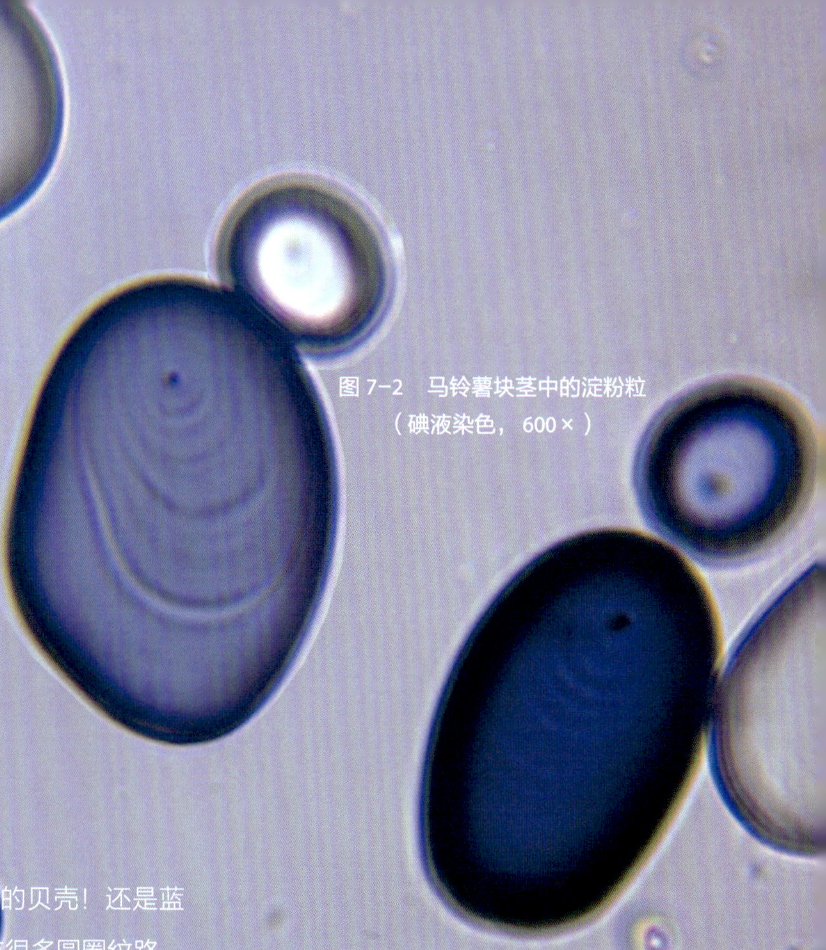

图 7-2　马铃薯块茎中的淀粉粒（碘液染色，600×）

看到上图的第一眼，你肯定会感叹：好光滑的贝壳！还是蓝色的呢！它们一个个都呈光滑的椭圆形，身上还有很多圆圈纹路，并且中央还围绕着一个小点。当你再仔细观察，是否感觉又跟真正的贝壳不太一样呢？

其实，它们并不是贝壳，而是在显微镜下拍摄的放大 600 倍的马铃薯块茎中的淀粉粒（图 7-2）。这些淀粉粒之所以呈现蓝色是由于它们提前进行了碘液染色。显微镜下的淀粉粒表面有层纹结构，就像树木的年轮，各层纹围绕的一点叫作"粒心"，又叫作"脐点"（图 7-3）。

这样的结构是怎样形成的？有一个淀粉粒形成的模型假说对此进行了解释：脐点是淀粉粒生长的原点，葡萄糖从这里开始聚合形成淀粉，层纹是支链淀粉与直链淀粉交替排列形成的结构。淀粉粒正是从起点开始一层层向外生长的。

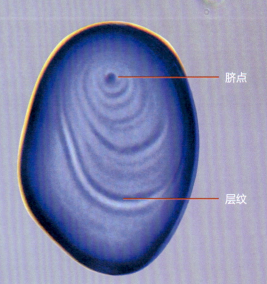

图 7-3　一个淀粉粒（碘液染色，600×）

小麦的二型淀粉粒

几乎所有植物的营养细胞中都有淀粉粒,在种子的胚乳和子叶中,植物的块根、块茎和根状茎中都含有丰富的淀粉粒。我们来观察一下小麦胚乳中的淀粉粒有什么特点。

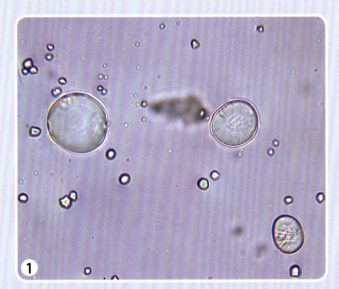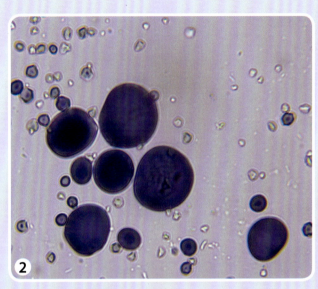

图 7-4　小麦胚乳中的二型淀粉粒（①未染色,600×；②碘液染色,600×）

观察图 7-4 可以看出,小麦淀粉粒的大小呈现双型,即颗粒较大的（A 型）淀粉粒与颗粒较小的（B 型）淀粉粒。B 型淀粉粒在数量上明显多于 A 型。A 型淀粉粒主要为椭圆性和圆形,表面较光滑；B 型淀粉粒的形状较多样化,其不完整程度和边缘破损程度均较 A 型高。

小麦淀粉粒为何会出现这样的特征呢？研究发现,A 型淀粉粒是在小麦开花后 4 天左右开始生长的,而 B 型则是在第 11 天才开始生长的。B 型淀粉粒的表面积相对较大,从而可以结合更多的蛋白质、脂质和水分。若 B 型淀粉粒的比例大,则面团吸水率提高,进而影响面团的揉混特性和食品的烘焙特性。由于硬质小麦 B 型淀粉粒的比例较高,和面时吸水也多,更适合制作面包、面条；而软质小麦正相反,含较多的 A 型淀粉粒,和面时吸水少,更适合制作饼干、糕点。

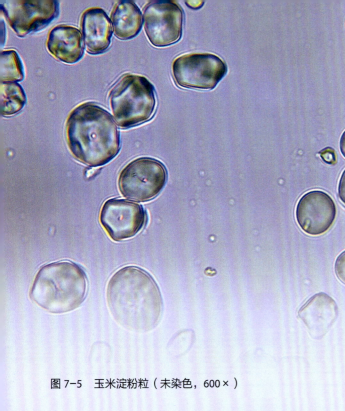

玉米的胚乳中也含有丰富的淀粉。我们平时炒菜用的一种芡粉就是玉米淀粉。它的形态跟马铃薯和小麦的淀粉一样吗？

玉米淀粉粒比马铃薯淀粉粒小，形态为多角形和圆形，脐点明显，层纹不明显（图7-5、图7-6）。

观察玉米淀粉粒时，还发现了一个特殊的现象。玉米淀粉粒是白色的，但是有不少颗粒出现了像裂纹一样的黑色区域，裂纹在脐点处交汇。

图7-5 玉米淀粉粒（未染色，600×）

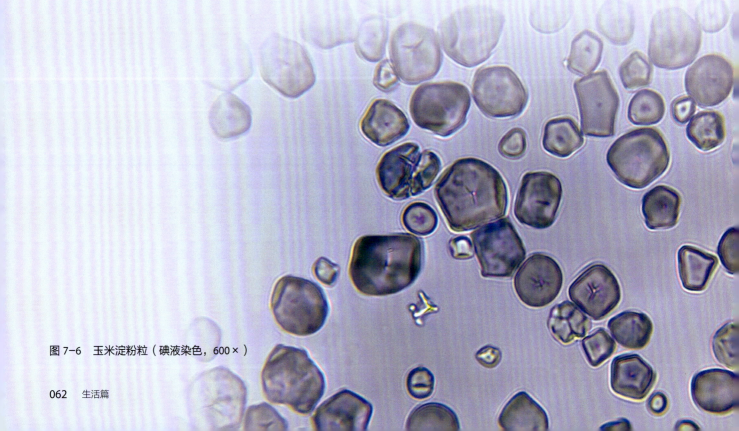

图7-6 玉米淀粉粒（碘液染色，600×）

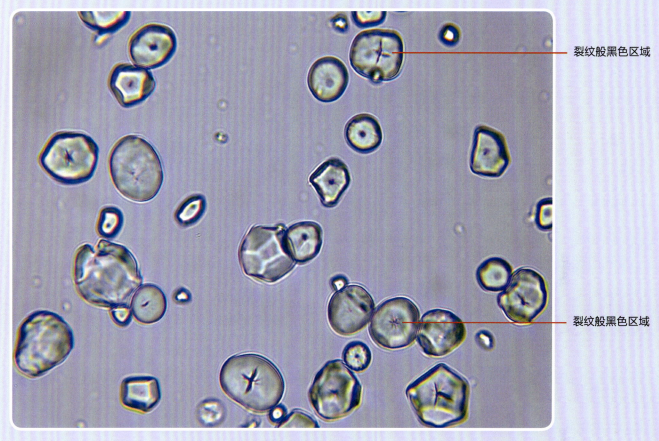

图 7-7　玉米淀粉粒（未染色，600×）

为什么会出现这种现象呢？原来，淀粉粒中有结构致密的结晶区和相对疏松的非结晶区（无定形区）。淀粉粒由于结晶区的光学各向异性，对不同方向的光具有不同的折射率，会产生一种有趣的双折射现象，形成黑色区域。如果用偏光显微镜观察，淀粉粒上会明显出现一个"十"字形的黑色区域，称为十字消光现象（图 7-7）。

原来小小的淀粉粒还有这么多有趣的故事！

炒菜时加芡粉，食物口感比较嫩滑，因为淀粉糊化了。那么糊化淀粉的形态又是怎样的呢？

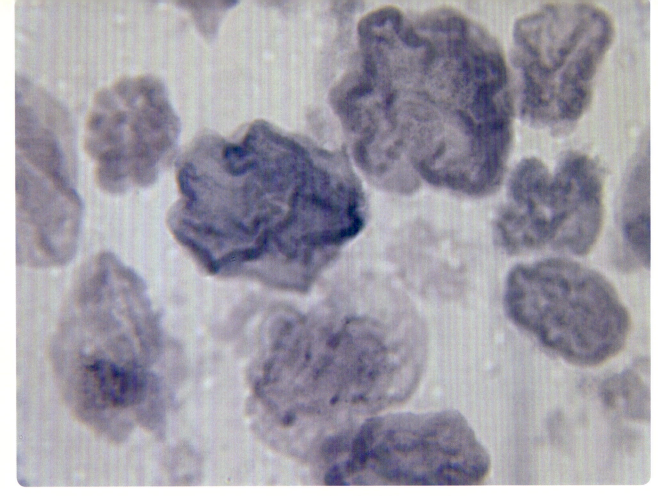

图 7-8　糊化玉米淀粉囊状物（碘液染色，600×）

　　糊化淀粉粒膨胀，失去原形，糊化初期淀粉粒中结晶区和非结晶区的淀粉分子分散在水中，成为亲水性胶体溶液，只留下囊状物，进一步加热，淀粉粒全部溶解，溶液黏度大幅度下降。这就是我们煮粥时间越长，会越煮越稀的原因（图7-8）。

　　总的来讲，淀粉粒的形态稳定，植物某一器官内淀粉粒的形态不变，但量的多少是可变的。秋末冬初及春季植物萌发之前的淀粉粒较多，春夏由于植物生长新的茎、叶，会消耗储藏的淀粉，淀粉粒较少。一般水分含量高、蛋白质含量少的植物淀粉粒较大，多呈圆球形或椭球形，如马铃薯淀粉粒；反之则颗粒较小，如小麦淀粉粒。同一属的植物组织中淀粉粒的形态相近，不同科、属的植物组织中淀粉粒的形态有差异。你还想知道其他植物淀粉粒的差异吗？心动不如行动，继续你的探索之旅吧！期待你发现的新问题！

08　种子中淀粉和脂肪的检测

淀粉和脂肪是人体所需的重要营养物质。你吃的大米和小麦中就含有大量的淀粉,而花生种子中又含有较多的脂肪。

淀粉和脂肪都是细胞中的能源物质

淀粉属于多糖，是植物细胞中最普遍的储能物质，也是细胞中主要的能源物质。淀粉水解成麦芽糖，麦芽糖进一步水解得到葡萄糖，因此，淀粉是由葡萄糖聚合而成的多聚体。淀粉可分为直链淀粉（糖淀粉）和支链淀粉（胶淀粉）两类，能够溶解于热水的可溶性淀粉，叫直链淀粉；只能在热水中膨胀，不溶于热水的叫支链淀粉。直链淀粉为无分支的螺旋结构，如果加入碘液，碘液中的碘分子便嵌入螺旋结构的空隙处，并且借助范德华力（分子间的作用力）与直链淀粉联系在一起，形成一种络合物。这种络合物能够比较均匀地吸收除蓝光以外的其他可见光（波长范围为400~750纳米），从而使淀粉溶液呈现蓝色。支链淀粉因有分支，分支也是螺旋形，但没有直链淀粉长，导致其遇碘形成的络合物呈现紫红色。

脂肪是细胞中良好的储能物质，是由甘油和脂肪酸组成的甘油三酯。因为脂肪酸的种类很多，所以脂肪的种类也很多。脂肪酸主要分为反式脂肪酸、不饱和脂肪酸和饱和脂肪酸。反式脂肪酸只有害处而无任何益处；不饱和脂肪酸主要来源于蔬菜、大豆及豆制品、鱼类（特别是各种海鱼）、水果、奶类等，它可以保护我们的心脏；饱和脂肪酸要少吃，如牛油、奶油和猪油等。

菜豆和花生是常见的食品，它们的细胞中含有大量的淀粉和脂肪。你可以通过染色的方法并借助数码显微镜，观察它们子叶中的淀粉和脂肪。

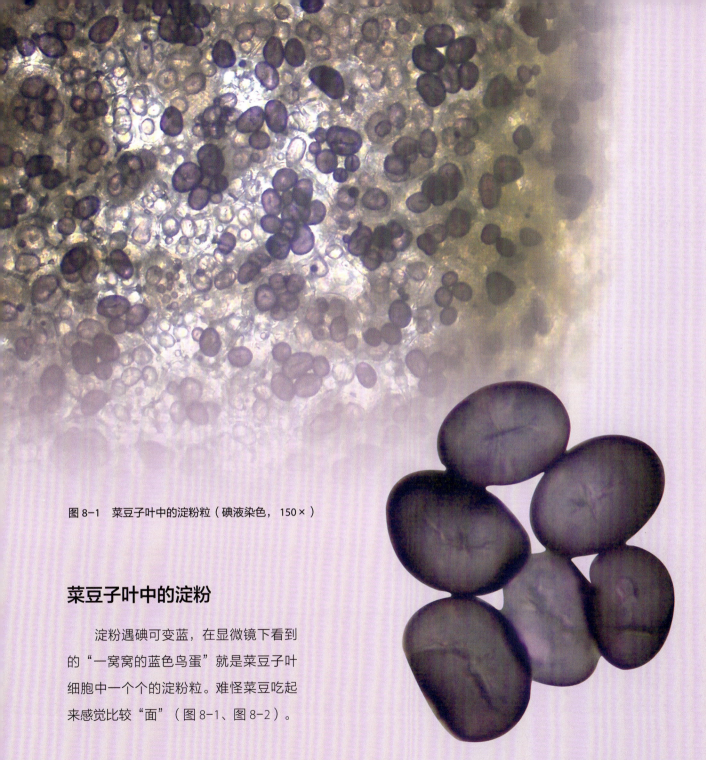

图 8-1　菜豆子叶中的淀粉粒（碘液染色，150×）

菜豆子叶中的淀粉

　　淀粉遇碘可变蓝，在显微镜下看到的"一窝窝的蓝色鸟蛋"就是菜豆子叶细胞中一个个的淀粉粒。难怪菜豆吃起来感觉比较"面"（图 8-1、图 8-2）。

图 8-2　菜豆子叶中的淀粉粒（碘液染色，600×）

菜豆子叶中的脂肪

　　脂肪可以被苏丹Ⅲ染液染成橘黄色（或被苏丹Ⅳ染液染成红色）。菜豆含有脂肪，只不过含量太少了，那橘黄色的油滴零星点缀在大块头的淀粉粒缝隙中，显得那样的单薄（图8-3）。

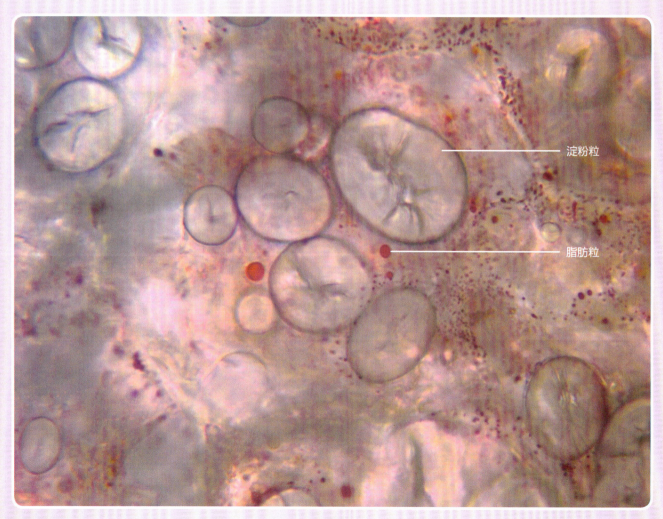

图8-3　菜豆子叶中的脂肪粒（苏丹Ⅲ染色，600×）

花生子叶中的脂肪和淀粉

花生子叶细胞是脂肪的"大本营"。每个细胞中都有若干个大块头的橘黄色油滴，就像隐藏在细胞中的"宝石"（图8-4）。难怪花生米吃起来那么香！花生子叶中也含有一定量的淀粉，只不过与脂肪粒相比，淀粉粒显得很小很单薄（图8-5）。孰强孰弱，一目了然。在花生子叶中，脂肪才是"老大"！

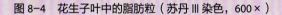

图 8-4 花生子叶中的脂肪粒（苏丹Ⅲ染色，600×）

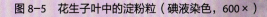

图 8-5 花生子叶中的淀粉粒（碘液染色，600×）

菜豆与花生子叶双染色

右侧两图分别展示了菜豆子叶和花生子叶的碘液和苏丹Ⅲ双染色的结果（图8-6、图8-7），双染色可以让我们在一个细胞中同时分辨出淀粉粒和脂肪粒，并能初步判断其含量的相对差异。仔细观察，我们可以看出，花生子叶和菜豆子叶中均含有脂肪和淀粉，菜豆子叶中含有较多淀粉，较少脂肪；花生子叶中含有较多脂肪，较少淀粉。

富含淀粉和脂肪的生物材料很多，你对哪些材料感兴趣呢？它们在显微镜下又能呈现怎样的奇妙图像？不妨亲自尝试设计实验对相关问题进行探究吧！

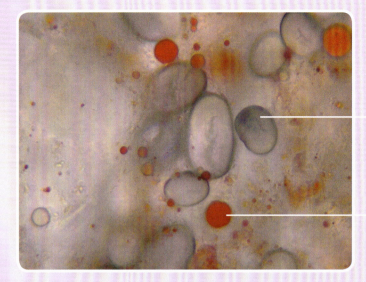

图8-6　菜豆子叶（双染色，600×）

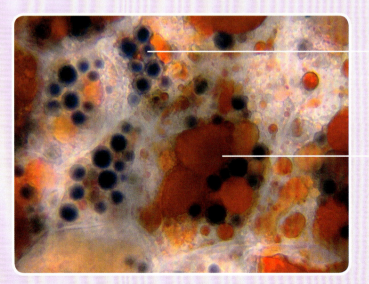

图8-7　花生子叶（双染色，600×）

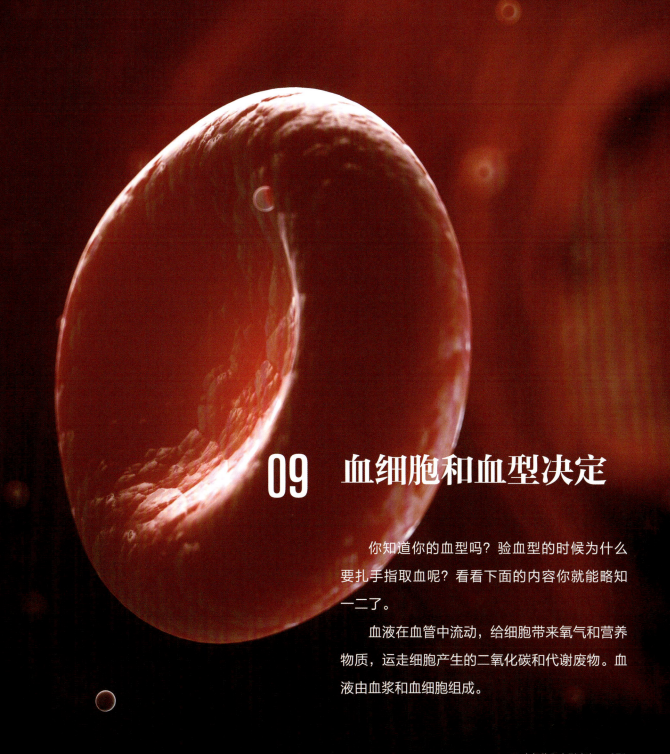

09　血细胞和血型决定

你知道你的血型吗？验血型的时候为什么要扎手指取血呢？看看下面的内容你就能略知一二了。

血液在血管中流动，给细胞带来氧气和营养物质，运走细胞产生的二氧化碳和代谢废物。血液由血浆和血细胞组成。

血浆

在血浆的化学成分中,水分占 90%~92%,其余以血浆蛋白为主,并含有无机盐、营养素、酶、激素、胆固醇等物质。血浆是血细胞生存的外界环境,呈淡黄色。

血细胞

血细胞包括红细胞、白细胞和血小板。正常情况下,成年男性的红细胞数量为每微升 400 万~550 万个,成年女性的红细胞含量为每微升 350 万~500 万个,白细胞为每微升 4000~1 万个,血小板为每微升 10 万~30 万个。

血液之所以呈现红色,是因为含有大量的红细胞。红细胞是我们身体的"搬运工",这与它的结构和功能有关(图 9-1)。

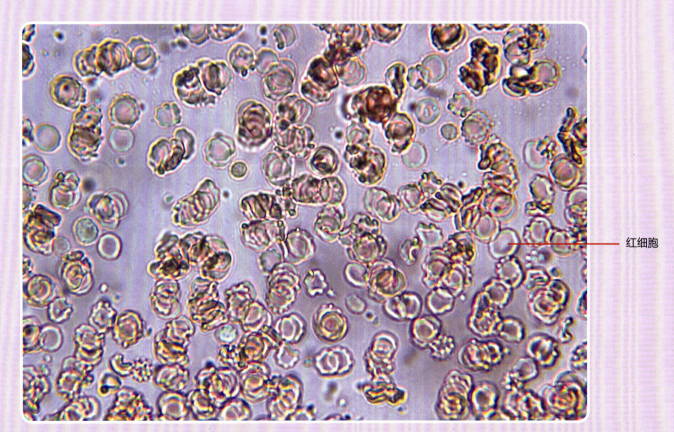

图 9-1　人血临时涂片(未染色,600×)

红细胞因含有红色的血红蛋白而呈红色。血红蛋白由珠蛋白和血红素组成,血红素含铁,呈红色,因此血红蛋白是红色的。成熟的红细胞没有细胞核,呈两面凹的圆盘状(图9-2),这种特殊的形态增加了红细胞的表面积,能存储更多的血红蛋白。血红蛋白有一个特别之处,就是在氧含量高的地方容易与氧结合,在氧含量低的地方又容易与氧分离,该特点使红细胞具有运输氧气的功能,同时能将代谢产生的二氧化碳运走。

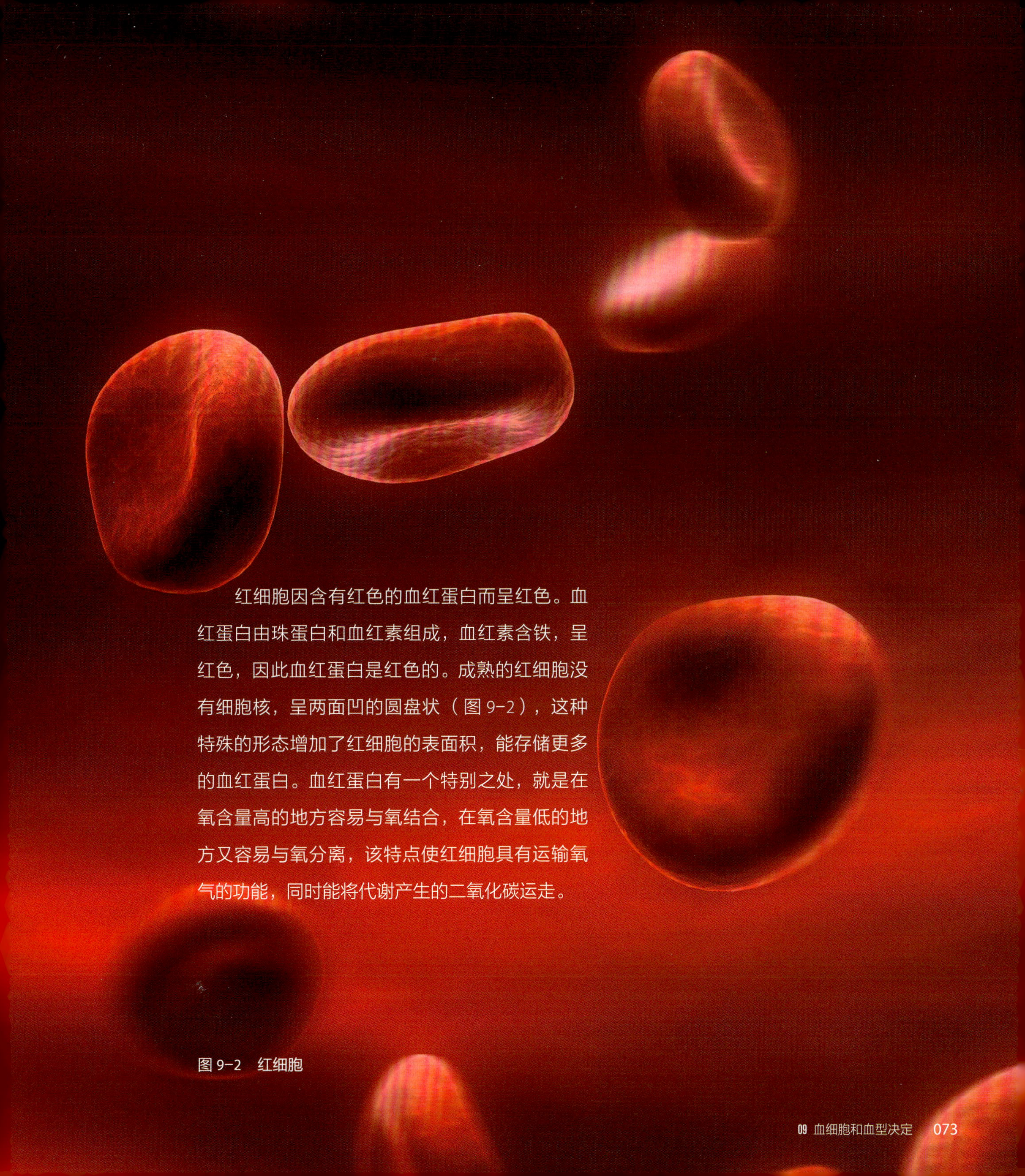

图9-2 红细胞

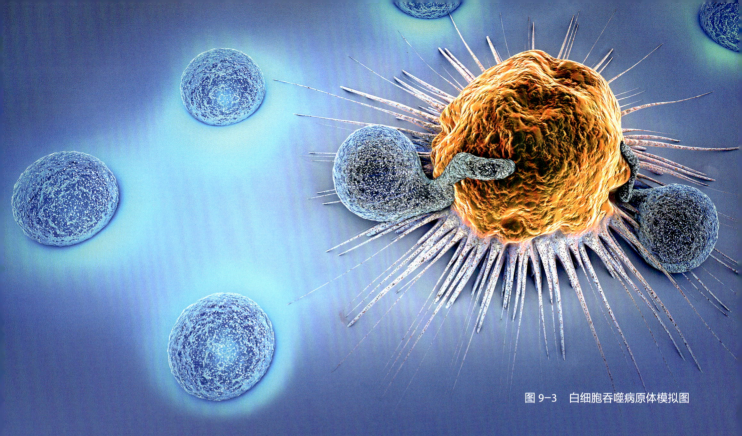

图 9-3　白细胞吞噬病原体模拟图

人体缺铁时易患缺铁性贫血，也就影响了红细胞的运输功能，从而影响人体细胞的新陈代谢，出现头晕、乏力、心慌、气短等现象。

白细胞是我们身体的"守卫者"，它是指一类可以吞噬杀伤各种病原体和坏死组织碎片的细胞，属于免疫细胞。白细胞的体积比红细胞大，数量比较少，具有细胞核。当病菌侵入人体内时，白细胞能通过变形而穿过毛细血管壁，集中到病菌入侵部位，将病菌包围、吞噬。如果体内白细胞的数量高于正常值，很可能是身体有了炎症（图9-3、图9-4）。

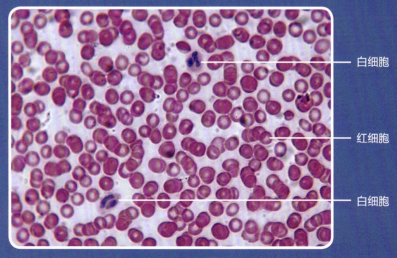

图 9-4　人血永久涂片（瑞氏染色，600×）

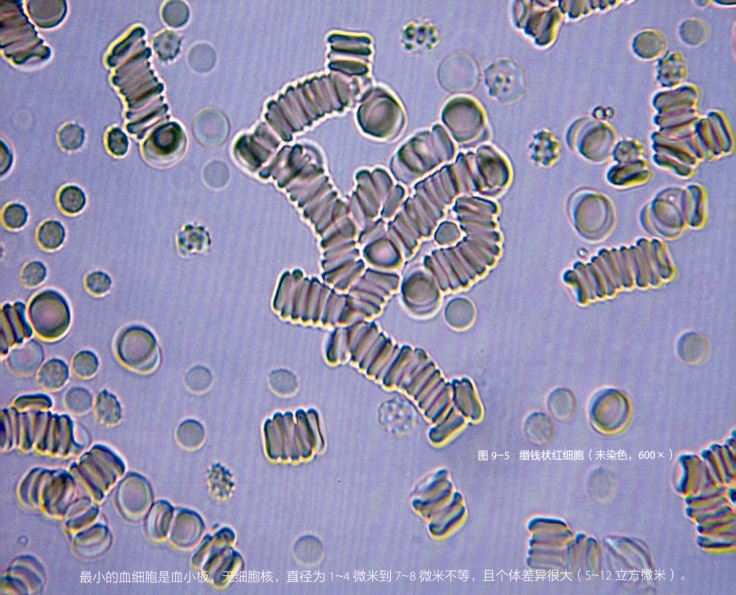

图 9-5 缗钱状红细胞（未染色，600×）

最小的血细胞是血小板，无细胞核，直径为 1~4 微米到 7~8 微米不等，且个体差异很大（5~12 立方微米）。它是身体的"修补匠"。当血管破损时，血小板被激活并改变形态，迅速聚集成团黏附于伤口，对血管进行修复和促进凝血。血小板因能运动和变形，故用一般方法观察时表现为多形态。

当血液中血小板数量不足时，容易引起出血不止，严重时可出现皮下、黏膜、内脏器官或其他组织的出血，称此为血小板减少性紫癜。

如果意外出血，取伤口处的血液用生理盐水稀释后在显微镜下观察，你会发现红细胞并不都是一个个分散的，而是有不少红细胞呈"线状"排列在一起。圆盘状的红细胞整齐地垒成一叠，在医学上有个更形象的专业名词叫作"缗钱状红细胞"。"缗"读 mín，绳子的一种，用于将物品串联起来。本义为：古代穿铜钱用的绳子（图 9-5）。

红细胞怎么会这样排列呢？原来当血浆中的某些蛋白，尤其是纤维蛋白原和球蛋白增高时，可使红细胞的正负电荷发生改变，导致其相互连接成缗钱状。

血管中的红细胞形成缗钱状，不仅限制了氧气的自由交换，而且减少了通过毛细血管的血流量。患者就会出现疲乏、衰弱、嗜睡等症状。若不及时采取有效的治疗措施，则会形成大的血凝块，造成血管内堵塞。

血型和输血

如果发生意外需要输血急救，就要考虑一个问题，那就是怎样输血才安全？我们先来看一个有趣的故事。

20世纪初，奥地利医学家兰德斯坦纳对输血产生了兴趣。输血能够拯救患者，也可能导致患者死亡，有学者据此认为，部分血液是好的，另外的血液则是坏的。那么，怎么区分好血液与坏血液呢？

兰德斯坦纳的实验室里一共有六个人。他设法说服其他同事，从每个人身上取了一点血液，接着，像小孩玩积木一样，把这些血样两两混合在一起。奇怪的事情发生了，混合之后，有些血样里的红细胞开始凝聚成团。

倘若是别的医生，面对这样的结果，可能会困惑不已。兰德斯坦纳却立刻想到了他曾经的研究领域——免疫。很多人在医院做过皮试，皮试时，护士会往皮下注射一点药物。如果皮肤发红或鼓起，就说明患者对这种药物过敏，即体内的免疫系统把药物当作了敌人（抗原），分泌抗体，抗原遇到抗体互相结合，便会引起皮肤异常（图9-6）。

血清	血细胞					
	Dr. St.	Dr. Plecn.	Dr. Sturl.	Dr. Erdh.	Zar.	Landst.
Dr. St.	−	+	+	+	+	−
Dr. Plecn.	−	−	+	+	−	−
Dr. Sturl.	−	+	−	−	+	−
Dr. Erdh.	−	+	−	−	+	−
Zar.	−	−	+	+	−	−
Landst.	−	+	+	+	+	−

图9-6　兰德斯坦纳的实验结果

注："+"代表有凝集现象

他发现其中有两人的样本，其红细胞上有一种称为"Antigen"（抗原）的物质，他于是以"A"作标记；另外两人的样本，另有一种抗原，他依字母顺序以"B"作标记；只有一人的样本，A抗原和B抗原都没有，但血清中却有两种抗体，他自己的血液也是如此，他于是以"O"（表示无抗原）作标记。后来，他发现有一群人的血液，既有A抗原，也有B抗原，他便以"AB"作标记（图9-7）。

为了纪念兰德斯坦纳发现和确定了人类第一个血型系统——ABO血型系统，世界卫生组织、红十字会将他的生日6月14日定为世界献血者日（World Blood Donor Day，WBDD）。

红细胞上只有凝集原A的为A型血，其血清中有抗B凝集素；红细胞上只有凝集原B的为B型血，其血清中有抗A凝集素；红细胞上A、B两种凝集原都有的为AB型血，其血清中无抗A、抗B凝集素；红细胞上A、B两种凝集原皆无者为O型血，其血清中抗A、抗B凝集素皆有。具有凝集原A的红细胞可被抗A凝集素凝集；具有凝集原B的红细胞可被抗B凝集素凝集。

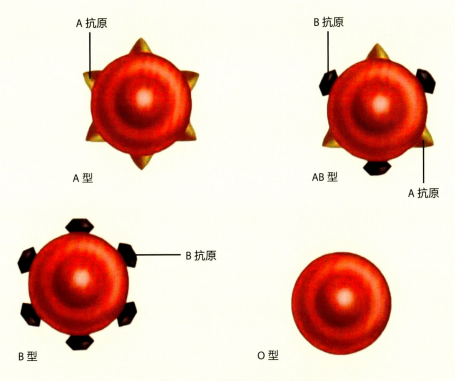

图9-7　红细胞表面的抗原示意图

据统计，全球大概有 1/3 的人有过输血经历，而在输血之前，每个人都要进行配血实验，以免引起凝集反应。这一切都要感谢兰德斯坦纳。在输血前，会使用抗 A 型标准血清和抗 B 型标准血清对供血者和受血者进行 ABO 血型测试，其原理及结果如下（图 9-8）。

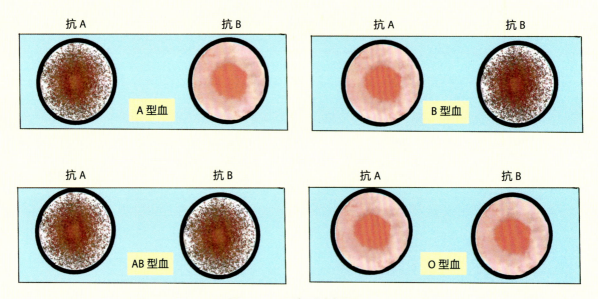

图 9-8　ABO 血型测试原理

下面是检验被测试者血型的过程（图 9-9），看到结果，你能判断出该检测者的血型吗？

  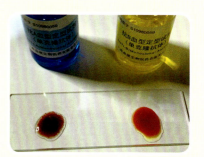

图 9-9　被测试者验血的过程

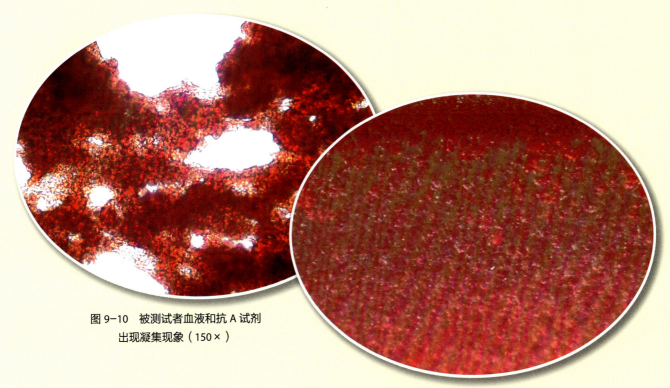

图 9-10 被测试者血液和抗 A 试剂出现凝集现象（150×）

图 9-11 被测试者血液和抗 B 试剂无凝集现象（150×）

被测试者的血液在抗 A 试剂中发生凝集现象，在抗 B 试剂中未发生凝集现象（图 9-10、图 9-11），故判断其是 A 型血。这个结果与你的判断一致吗？

看到这里，你可能会意识到，将 O 型血称为"万能供血者"是不够科学的。虽然 O 型血的红细胞上没有抗原，但是 O 型血的血浆内含有抗体，少量输血没什么，输多了就可能会产生严重的凝集反应。安全输血的原则是输同型血。

近年来，科学家一直在努力打造通用血液。例如，运用某些酶，除掉红细胞表面的抗原，让红细胞变得普适；把不同类型的血浆混合在一起，让抗原与抗体相互反应，只要比例合适，便能得到对患者无害的血浆。到了那个时候，也许，献血就可以不考虑血型了。

除 ABO 血型系统外，还有 Rh 血型、MNSSU 血型、P 血型和 D 缺失型血等极为稀少的 10 余种血型系统。有兴趣的话，你可以了解一下。

10　眼泪中的物质结晶

　　自古"男儿有泪不轻弹",也会有"感时花溅泪,恨别鸟惊心"。可见,喜怒哀乐是人之常情,流泪是每个人正常的生理反应。

　　传说中,钻石是快乐眼泪的结晶,而水晶则是悲伤眼泪的结晶。

　　到底是不是这样呢?眼泪的结晶又会是怎样的呢?

有人因为被同伴误会而委屈地哭了，很伤心，取其一滴眼泪，在载玻片上自然结晶后，会是怎样的呢？

在显微镜下，眼泪的结晶如雪花般绽放（图 10-1）！

图 10-1　伤心眼泪的结晶（150×）

眼泪结晶是否也如雪花般独一无二呢？

我们来看看 A、B、C、D、E 五位小伙伴的眼泪结晶吧（图 10-2～图 10-6）。

图 10-2　A 的眼泪结晶（600×）

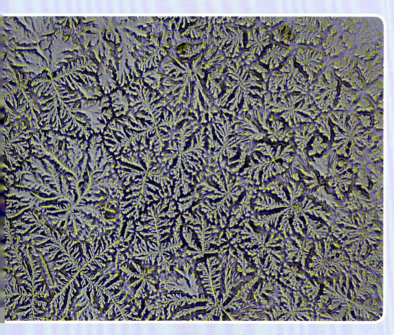

图 10-3　B 的眼泪结晶（150×）

图 10-4　C 的眼泪结晶（60×）

感觉像走进了魔法森林！

每个人的眼泪结晶果然如雪花一般独一无二，仿佛在诉说着独特的心情故事。

不同人、不同因素引起眼泪结晶的速度不一样，晶体图案更是千变万化。有的像美丽的宫殿，有的像唯美的剪纸窗花，有的像古老的大型蕨类，有的像锋利的宝剑，有的像漫天飞舞的雪花……

是什么因素导致这些眼泪结晶的差异如此巨大呢？

暂时还没有明确答案，还需要继续研究。目前推测其原因与眼泪的成分有关。眼泪的主要成分是水（98.2%），还含有少量的无机盐、蛋白质、溶菌酶、免疫球蛋白A等其他物质，有时还含有肾上腺皮质激素和催乳素等激素，有研究者提出眼泪结晶的形成需要三种物质参与：催乳素、肾上腺皮质激素和止痛的亮啡肽。每个人眼泪的成分不同，会出现独一无二的眼泪结晶。

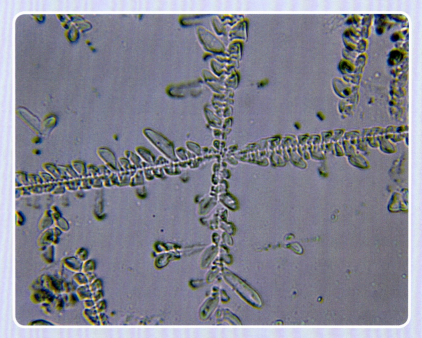

图 10-5　D 的眼泪结晶（600×）

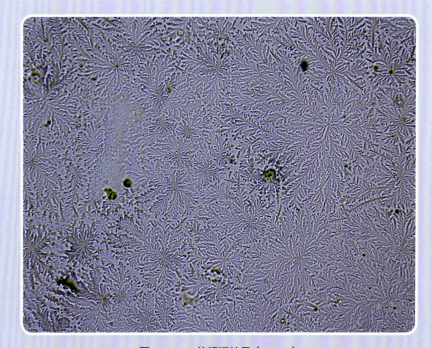

图 10-6　E 的眼泪结晶（150×）

10 眼泪中的物质结晶　083

你想知道自己的眼泪结晶是怎样的吗？那就采集一点喜悦的、伤心的或受气味刺激（如洋葱）的眼泪观察一下吧。

结晶的过程是怎样的呢？看看下面的几幅图片吧（图 10-7）。

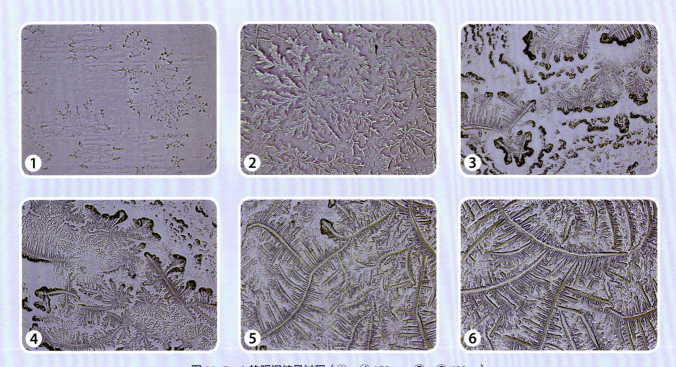

图 10-7　A 的眼泪结晶过程（①～④ 150×；⑤、⑥ 600×）

眼泪有三种基本的类型：基础型，主要是用来分泌泪液，湿润眼睛；反射型，眼睛受到刺激或接触到辛辣食物时所流出；情感型，掌管情绪的大脑，负责传达信息而产生。越来越多的研究表明，流眼泪对人体健康有益。眼泪中含有溶菌酶，对我们的身体有保护作用；流泪能排出人体由于压力所造成和积累起来的毒素，恢复心理和生理的平衡。所以说，该流泪就流泪，不要憋着！

11 汗液和尿液的结晶

有关"马拉松运动员不会得癌症"的文章曾疯传一时。事实果真如此吗？后来经过核实，原来是一场误传。但是，人体大量出汗确实可以排出废物，甚至是有害物质。曾经有人测试过马拉松运动员的汗液：长跑一定距离后，汗液中的重金属含量是尿液中重金属含量的10倍左右，足见长跑排毒的功效。所以有科学家提出：以排汗的方式，去除体内的有害物质，有可能降低癌症的发生率。

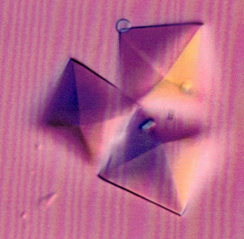

除了排汗，排尿也是人体排出代谢废物的重要途径。尿液和汗液的成分相差不大，主要是尿素、多余的水和无机盐等，差异主要在各成分的比例和浓度上，尿液中代谢废物的浓度更高些。

汗液由汗腺分泌，主要成分是水，还有少量钠、钾、钙、镁、尿素、乳酸等物质，所以尝起来有点咸，有结晶现象。夏天在室外运动，我们会大汗淋漓，汗液干了以后，在深色衣服上常常出现白粉状物质，这就是汗液的结晶。

当你出汗时，可以取一滴汗液制成临时装片，放到数码显微镜下观察其结晶过程（图11-1~图11-4）。

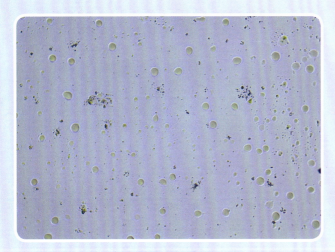

图 11-1　未结晶的汗液（150×）

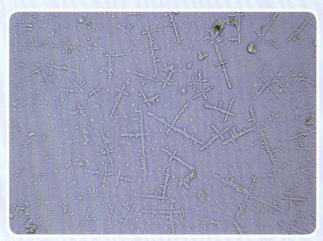

图 11-2　正在结晶的汗液（150×）

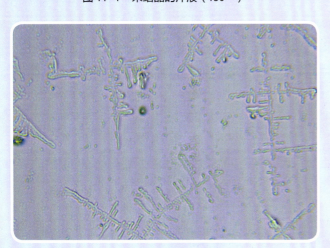

图 11-3　正在结晶的汗液（600×）

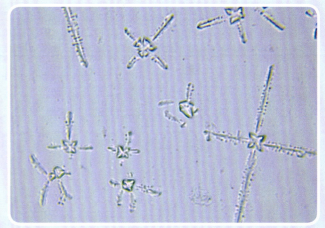

图 11-4　结晶的汗液（600×）

汗液的结晶呈现不同的形状，有的像十字架，十字架上还戴着一朵"小花"；有的像一把剑；有的像一架天线，形态各异，奇妙又难以想象。

每个人的汗液成分随着年龄、发育时期和健康状态等情况会有所不同，形成的汗液结晶也不同。

尿液的结晶又会是怎样的呢（图11-5～图11-10）？

很明显，成人尿液结晶的形态比儿童的更复杂，内容物更多。由此可见，尿液结晶也是随着年龄、发育时期、摄取食物种类和健康状态等情况不同，其大小和形态千差万别、复杂多样，可呈无定形、针形、片形、圆形、菱形、方形等多种形态。

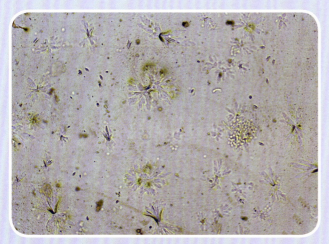

图11-5　儿童尿液结晶（150×）

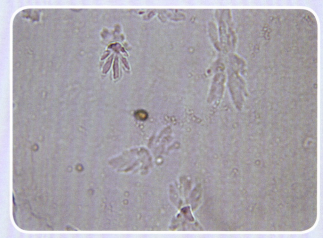

图11-6　儿童尿液结晶（600×）

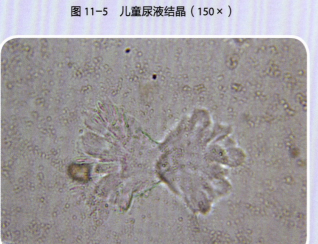

图11-7　儿童尿液结晶（600×）

图11-8　正在结晶的成人尿液（150×）

由于尿液结晶的形成受尿液pH、温度、结晶成分及胶体物质浓度和溶解度等多种因素影响，因此尿液结晶的检测对泌尿系统疾病的预防和治疗有着重要意义。

总而言之，排尿和排汗能调节体内水和无机盐含量，维持细胞正常的生理活动，此外，排汗还可以调节体温。

> **温馨提示**
>
> 大量出汗后，一定要及时补水补盐，喝适量淡盐水或运动饮料，否则会导致脱水影响健康，或者缺乏无机盐而影响健康。你还可以通过观察尿色补水，如果尿液是黄色的，说明需要补水了，如果尿色深黄，说明身体急需补水。

今天，你喝够水了吗？

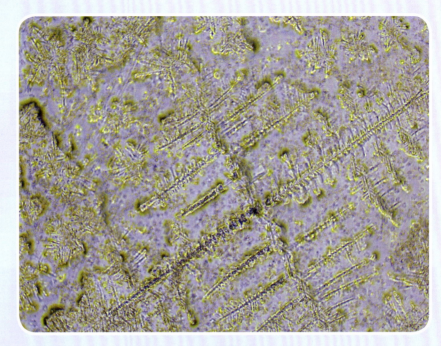

图 11-9　成人尿液结晶（600×）

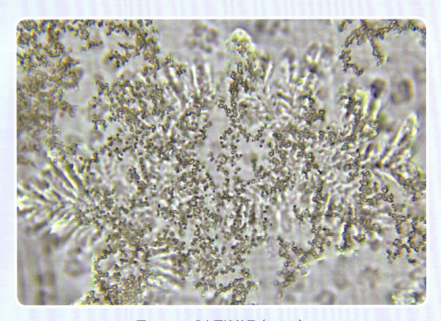

图 11-10　成人尿液结晶（600×）

088　生活篇

12 观察食盐、白糖、味精的晶体

食盐、白糖和味精是生活中常见的调味品，你能把它们分辨出来吗？

它们都是白色的颗粒，在光下闪闪发亮。它们为什么那么晶莹剔透？因为它们都属于晶体。

晶体有三个特征：一定的几何外形、固定的熔点、各向异性的特点，各向异性即在不同的方向上有不同的物理性质，如机械强度、导热性、热膨胀性、导电性等。金刚石、石墨、食盐、白糖和味精等都属于晶体。

乍一看，食盐、白糖和味精相差不大，放大后的样子会相差很远吗？将它们分别溶于水又重新结晶的晶体，还和原来的一样吗？让我们通过数码显微镜来一窥它们的真面目吧！

食盐晶体

食盐颗粒有大有小，在数码显微镜下，食盐都为无色透明的晶体，基本上都呈规则的立方体结构（图12-1）。

图12-1　食盐晶体（30×）

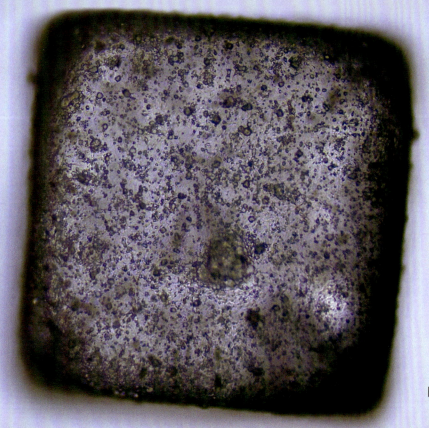

单独观察一颗食盐晶体，用底光源，可见食盐截面呈正方形，内部混杂着斑驳的黑色点状物，说明含有一定的杂质（图12-2）。

图12-2　食盐晶体（底光源，150×）

在载玻片上滴一滴 0.3 克/毫升的食盐溶液，1 小时后，食盐溶液开始出现颗粒状物质，随后，颗粒状物质"变身"为薄而透明的长方形或正方形片状结构，最后形成具有规则形态的、立体的晶体，如类似金字塔的四棱结构和长方体等（图 12-3）。

图 12-3　溶液出现不规则颗粒状物质和大小不一的规则晶体（底光源，30×）

在食盐晶体形成过程中，溶液中的离子相互碰撞形成微小的晶核，其他离子向晶核表面靠近和沉积，晶核逐渐长大成晶粒，并进一步聚集、定向排列成晶体。生长中的食盐晶体可以呈现不同的形态和花纹（图 12-4）。

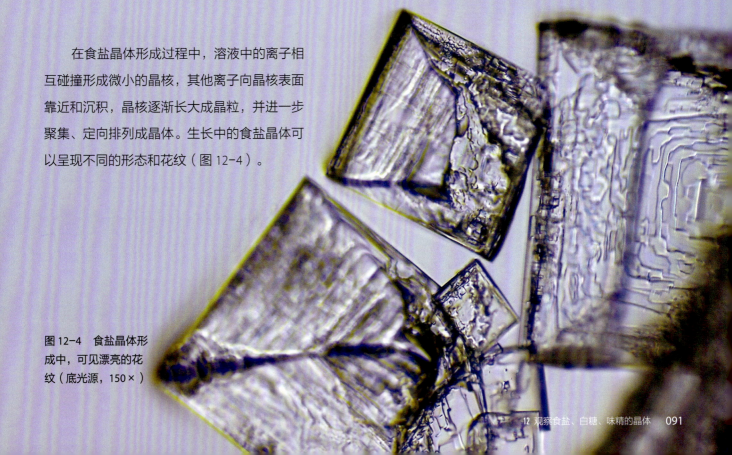

图 12-4　食盐晶体形成中，可见漂亮的花纹（底光源，150×）

12 观察食盐、白糖、味精的晶体　091

食盐溶液不断蒸发,直至晶体全部析出。

食盐晶体原来是这样形成的呀!

想一想:是什么力量让晶体颗粒聚集在一起的呢?

食盐的化学名称是氯化钠,在溶液中以氯离子和钠离子的形式存在,带正电的钠离子和带负电的氯离子通过静电力相互吸引,并形成离子键。这种化学键的力量强大,约束着众多的离子,使它们排列成规则的几何结构,使食盐晶体不断形成和生长。我们称这种晶体为离子型晶体。

食盐与我们的生活息息相关。作为调味品,它的咸味能增进食欲,同时又能维持人体渗透压及酸碱平衡。部分食盐加入氯化钾来降低氯化钠的含量,从而降低高血压的发生率,部分食盐添加碘来预防碘缺乏病(如大脖子病)。但是,请注意,过多摄入食盐对人体健康不利,适量就好。

味精也带点咸味,它的晶体与食盐的一样吗?它也属于离子型晶体吗?

味精晶体

显微镜下的味精颗粒为透明柱状晶体。

在载玻片上滴一滴 0.3 克/毫升的味精溶液，味精溶液边缘有细小的波纹状突起，48 小时后，完全结晶。味精晶体为白色晶体，堆叠在一起，隐约能看到细针状小晶体（图 12-5～图 12-8）。

图 12-5　味精晶体（30×）

图 12-6　味精晶体形成中（60×）

图 12-7　味精晶体（150×）

整体上看，重新结晶的味精好像有一个中心，向外呈放射状，能看到一根根细长的针状结构（图 12-7、图 12-8）。

味精是以粮食为原料经发酵提纯的晶体，主要成分为谷氨酸钠，因此味精的学名就叫谷氨酸钠。当味精溶于水时，会迅速电离为自由的钠离子（带正电）和谷氨酸离子（带负电），所以味精晶体与食盐晶体一样，也属于离子型晶体。

味精对人体没有直接的营养价值，但它能增加食品的鲜味，引起人们的食欲。

有些人喜欢用白糖代替味精的提鲜作用。白糖的结晶是否也是离子型晶体呢？

图 12-8　味精晶体（150×）

白糖晶体

显微镜下的白糖晶体大小不一,比较透亮,形态有规则的,也有不规则的(图12-9)。

图12-9 白糖晶体(30×)

取规则的白糖晶体观察，隐约可以看出像立体的梯形结构（图 12-10、图 12-11）。

图 12-10　白糖晶体（①正面观，30×；②纵观，30×）

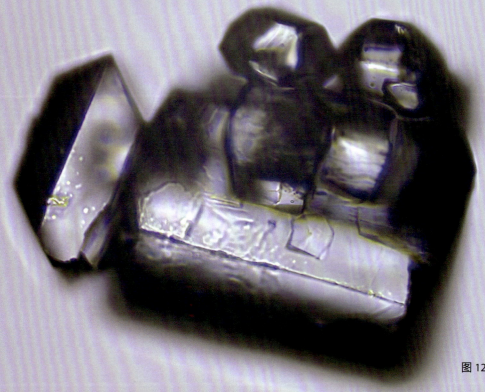

图 12-11　白糖晶体（底光源，150×）

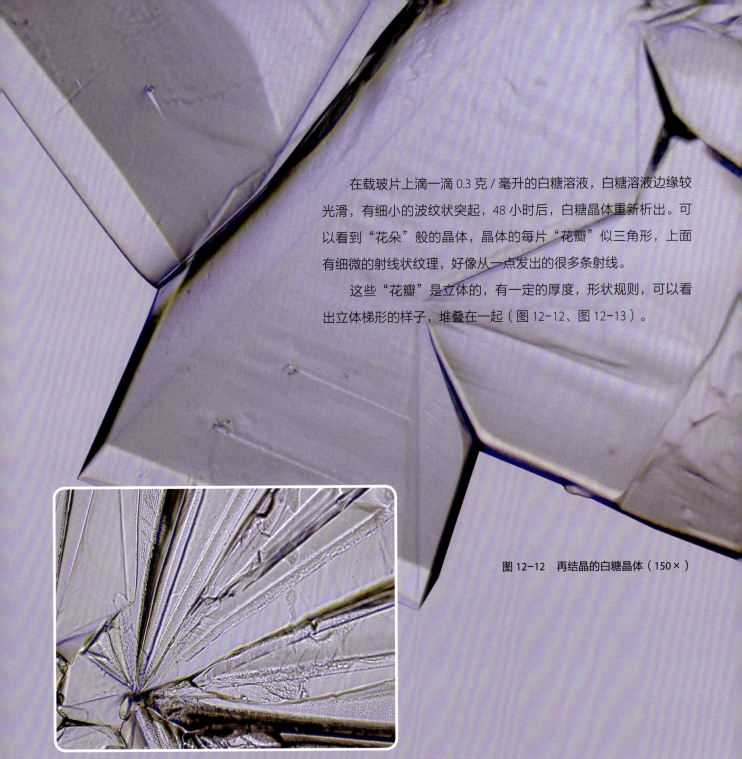

在载玻片上滴一滴 0.3 克/毫升的白糖溶液，白糖溶液边缘较光滑，有细小的波纹状突起，48 小时后，白糖晶体重新析出。可以看到"花朵"般的晶体，晶体的每片"花瓣"似三角形，上面有细微的射线状纹理，好像从一点发出的很多条射线。

这些"花瓣"是立体的，有一定的厚度，形状规则，可以看出立体梯形的样子，堆叠在一起（图 12-12、图 12-13）。

图 12-12　再结晶的白糖晶体（150×）

图 12-13　再结晶的白糖晶体（60×）

为什么重新结晶的白糖形状与原来的不同呢？因为生产销售的白糖是严格控制在一定的条件下形成的，如温度、压强、湿度、除杂质等条件相同，所以形成的白糖形状比较接近。如果有机会，可以去工厂参观一下工业化生产白糖的过程，了解更多有关结晶的秘密。

白糖一般直接由甜菜或甘蔗糖汁提炼而成，属于蔗糖，是一种二糖，由一分子葡萄糖和一分子果糖结合而成。蔗糖溶液中的蔗糖分子之间通过分子间作用力结合形成晶体，与食盐和味精不同，白糖晶体属于分子型晶体。

白糖可以为机体提供能量，还有润肺生津、补中益气、清热燥湿、化痰止咳等作用。但是过多食用白糖等糖类，容易诱发肥胖、龋齿和营养不良等。

在显微镜下看到的几种晶体结构真是各具特色。

每一种晶体都有其独特的美！

看！明矾再结晶的晶体，像不像一幅水墨山水画（图12-14）？

雪花也是大自然独一无二的杰作，属于天然的分子型晶体。

想知道它是怎样形成的吗？请参阅13 飞舞的雪花。

每种晶体的图案都可能带给你无限的遐想，你有没有想过制作有色晶体呢？请查阅资料尝试一下吧！

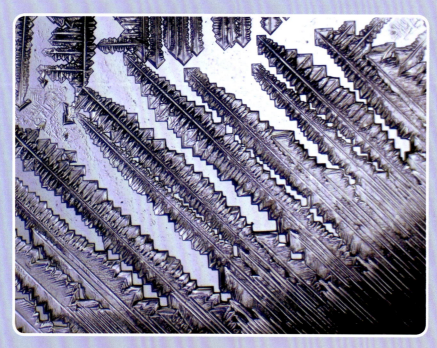

图 12-14 明矾再结晶的晶体（60×）

13 飞舞的雪花

"忽如一夜春风来，千树万树梨花开。"唐朝诗人岑参以"春风"使"梨花"盛开，比拟北风使雪花飞舞，极为新颖贴切。

雪花是冬天的舞者，它让整个世界银装素裹，在雪花的点缀下，世界是那么美丽、静谧。

雪，飘飘悠悠从空中落下时，你是不是也曾情不自禁地伸出手去接？其实，调皮的雪花早已悄然落到你的衣服上了（图13-1）。

图 13-1　飘落在衣服上的雪花

雪花的大小不一，最大的直径不超过 5 毫米，最小的连肉眼都看不见。认真看，雪花是什么形状呢？

肉眼可见的雪花大多都是精致的六角形。

如果把它放在显微镜下观察，你又会发现什么呢（图 13-2～图 13-5）？

图 13-2　黑色卡纸上的雪花（60×）

图 13-3　黑色卡纸上的雪花（60×）

雪花是那么的晶莹剔透、那么炫目,美得让我们的视线不忍离开!

图 13-4　各种形态的六角形雪花(60×)

13　飞舞的雪花

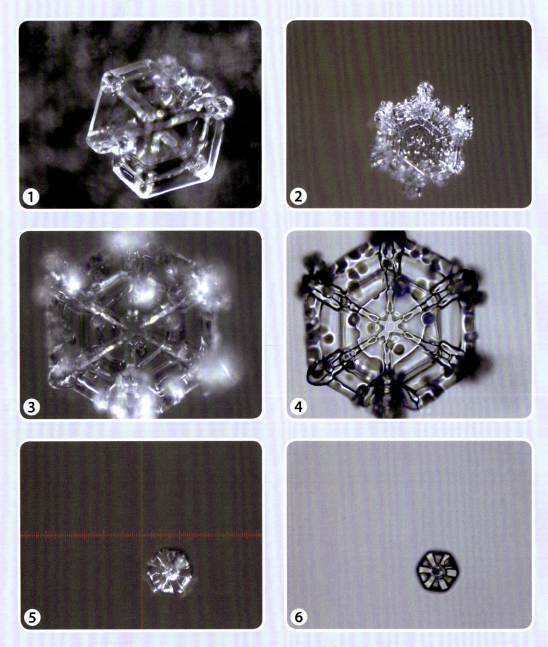

图 13-5　各种形态的六边形雪花（①③④⑤⑥ 600×；② 150×）

雪花有的像蕨类，有的像花瓣，好似一颗颗璀璨的水晶，十分耀眼、迷人。

你可能发现了，雪花虽然是六角形或六边形，但是每一片的花式是不一样的。

我们常说世界上没有两片相同的叶子，其实世界上也没有两片相同的雪花！

你一定会问：这是为什么呢？

雪花其实是一种晶体，是天空中的水蒸气凝华形成的，每一片雪花都经历了在空中凝华、飘落的过程。

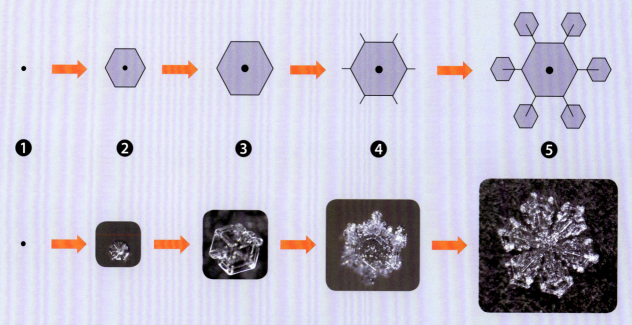

图 13-6　上：雪花的发育模式图；下：同一场大雪的不同雪花

这组图清晰形象地阐明了雪花的形成过程（图 13-6）。

①云朵中的水蒸气凝华成为一颗微小的固体颗粒。

②水分子不断凝聚在固体颗粒上，形成一个六边形晶格。

③六边形晶格不断"生长"成为一个六边形棱柱，每个面都根据该面所处的局部环境以不同的速度"生长"。

④当六边形棱柱被吹到云层中湿度较高的区域时，随着水分增加，晶体的"生长"速度会加快，由于水分子更容易接触到六边形棱柱的角，因此雪花此时会"长"出六个"小手臂"。

⑤长出"小手臂"的雪花在空中飞来飞去，新的水分子又会结合到"小手臂"上，形成更小的分枝。

就这样，雪花慢慢"长大"、变美，一片雪花的六个"小手臂"所处的局部环境几乎是完全相同的，因此雪花会精致到完全对称，而不同的雪花所处的局部环境各不相同，我们也就几乎不能找到两片相同的雪花了。

可见，风是大自然的"雕刻师"，它对每一片雪花进行了"精雕细琢"，造就了每片独一无二的雪花。

当然，风这位"雕刻师"也有用力过猛的时候，这就是为什么我们偶尔也会看到雪花碎片的原因（图13-7）。

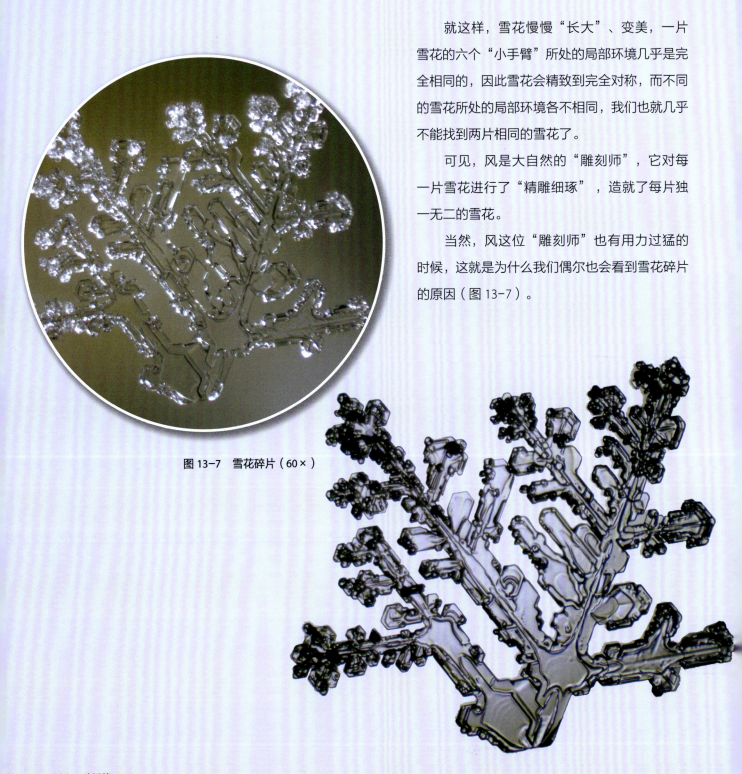

图13-7　雪花碎片（60×）

古人云:"草木之花多五出,独雪花六出"。从古至今,六瓣的雪花在我们脑海中早已根深蒂固。童话书中、毛衣上、冬季节日的装饰品上、甚至是聊天工具的表情包里,我们经常在各种地方看到各种各样的雪花图案(图 13-8)。

图 13-8 雪花不同形态的模式图

自然界中的雪花真的只有六角形或六边形吗？

俄罗斯一位摄影师带着他的"超级"相机，用了 9 年时间拍到了各种类型的雪花，除了我们常见的六角形和六边形雪花，还有三角形雪花、十二分枝雪花、冠柱状雪花等（图 13-9）。

图 13-9　俄罗斯摄影师拍摄的雪花

目前普遍认为雪花有 39 种形态，可以归为以下 7 类（图 13-10）。

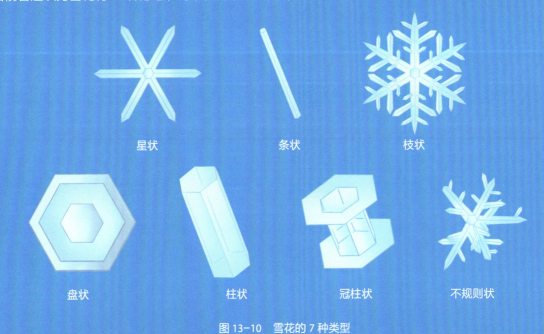

图 13-10　雪花的 7 种类型

为何雪花的形态如此多样?

其实我们可以从雪花的形成过程中寻找答案。研究发现,雪花的形态与雪花形成过程中的湿度和温度密切相关(图13-11)。

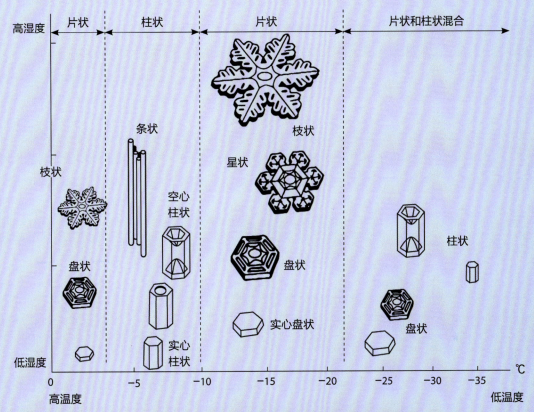

图 13-11 雪花形成过程中温度和湿度对雪花形态的影响

当大气中湿度和温度适中时,我们就可以看到六角形的星状雪花;但是当湿度和温度发生变化时,雪花的形状就会发生改变。例如在极地,大气温度低,并且湿度很低,此时冰晶四周的水分很少,以致6个角的生长速度通常会小于两个面的生长速度,因此雪花便形成了柱状。

那为什么我们在一场大雪中会同时看到六角形的星状雪花和六边形的盘状雪花呢?这是因为虽然每片雪花所处的温度相同,但是雪花的局部湿度却有差异。大多数雪花周围的湿度适宜,雪花可以正常"发育",经历雪花的发育模式图(图13-6)中的①~⑤阶段形成完美的六角形星状雪花;但是有的雪花周围的湿度相对较低,水分太少,六个角的区域很难"长大",因此雪花的"发育"就停留在了阶段③,我们就看到了六边形盘状雪花。

现在当你再认真回顾各种雪花图片时，是否对它们的经历更加了解了呢？

每一片都是有故事的雪花呢！它们都有一个相同的起点，它们飘呀飘，飘呀飘，不断生长，不断被打磨，在落入我们掌心的那一刻，以独一无二的姿态绽放着特有的美丽（图13-12）！

雪花是美的，宛若仙子！远处看雪花装点的世界，我们欣赏它带来的洁白与静谧；近处看雪花的形态与结构，我们惊叹它的美丽与精致；在内心深处"播放"雪花的形成过程，我们感叹它这一生的"成长"与"蜕变"；我们更加感叹大自然的鬼斧神工，大自然的"创作"，无人能及！

图13-12　飘落在黑色卡纸边缘的小雪花（60×）

14 美丽的微观化学反应

古文献中有记载,"白青得铁,即化为铜"(汉·刘安《淮南万毕术》),"以曾青涂铁,铁赤色如铜"(东晋·葛洪《抱朴子》)。这些文献记载与反应现象、反应原理进行结合,你能猜到这与哪种化学反应有关吗?

这是一种常见的置换反应:常温下,Fe(铁)与$CuSO_4$(硫酸铜)溶液发生置换反应,方程式为:$Fe+CuSO_4=FeSO_4+Cu$。新生成的金属单质铜呈红色,有时呈树枝状,可称为"金属树"或"铜树"。

常见的化学反应还有复分解反应等。

NaOH(氢氧化钠)溶液和$CuSO_4$(硫酸铜)溶液发生复分解反应,生成蓝色絮状沉淀$Cu(OH)_2$(氢氧化铜),方程式为:$2NaOH + CuSO_4 =Cu(OH)_2\downarrow + Na_2SO_4$。

如果在显微镜下观察这些化学反应,你将会看到别样的风景。

铁与硫酸铜溶液的置换反应

由于Fe的金属活性在Cu的前面,因此Fe能够把含有Cu^{2+}的溶液中的Cu置换出来。

取扁平的美工刀片与0.5克/毫升的$CuSO_4$溶液反应,看看结果如何?

美工刀片与$CuSO_4$溶液迅速发生置换反应,刀片表面瞬间覆盖红色的单质铜。刀片边缘置换出非常漂亮的铜树,在几分钟内能够迅速长大(图14-1~图14-4)。

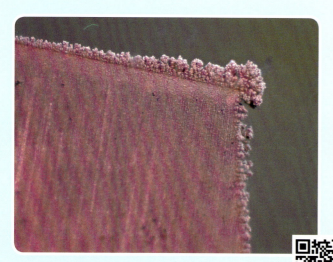

图 14-1 刀片边缘生出铜树(60×)

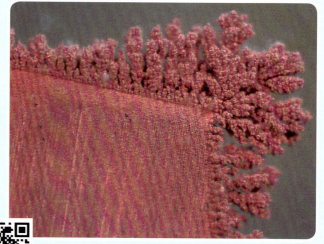

图 14-2 铜树迅速"长大"(60×)

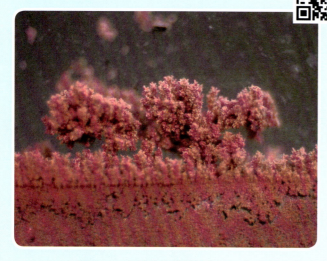

图 14-3 刀片生出的铜树(150×)

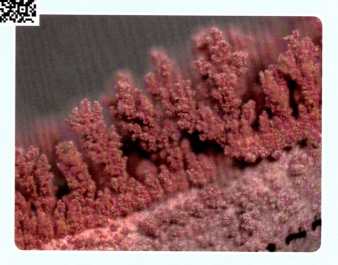

图 14-4 刀片生出的铜树(150×)

刀片与 $CuSO_4$ 溶液反应迅速，形成铜树，并向一切可能的空间"生长"，最后形成了一片壮观的"铜树森林"。

微观化学反应太壮观了！

是不是所有形态的铁制品与 $CuSO_4$ 溶液反应都能形成铜树呢？

我们取圆柱形的铁钉和曲别针来看看结果如何？

将铁钉和曲别针分别放置在 0.05 克 / 毫升的 $CuSO_4$ 溶液中，一段时间后取出，观察它们表面的变化（图 14-5~ 图 14-9）。

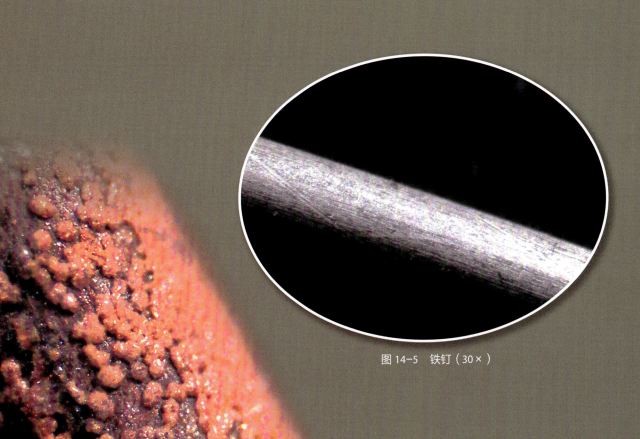

图 14-5　铁钉（30×）

图 14-6　铁钉表面置换出铜（60×）

图 14-7　一天后,铁钉表面的变化(60×)

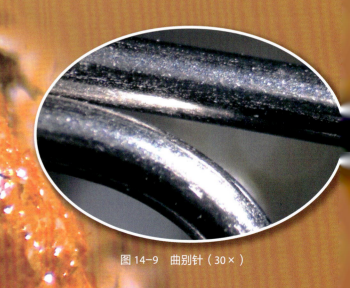

图 14-9　曲别针(30×)

图 14-8　曲别针表面置换出铜(60×)

铁钉和曲别针表面有红色的金属铜出现，再放置一段时间后，发现铁钉和曲别针表面还会出现白色晶体，但是没有明显的铜树。

跟铁钉和曲别针不同，订书钉与 $CuSO_4$ 溶液反应，表面边缘能置换出少量的铜树（图 14-10、图 14-11）。

图 14-10 订书钉表面置换出铜树初期（60×）

订书钉相对铁钉比较扁平和细小，因此在低浓度的 $CuSO_4$ 溶液中较容易出现铜树。

如果提高 $CuSO_4$ 溶液的浓度，用上述材料重新实验，会不会有新发现呢？你可以尝试一下。

图 14-11 订书钉表面置换出铜树后期（60×）

NaOH 和 CuSO₄ 溶液的复分解反应

该实验原材料是 NaOH 和 CuSO₄，肉眼看呈粉末状，它们在显微镜下的形态又是怎样的呢（图 14-12、图 14-13）？

原来实验室常用的 NaOH 是白色球形的。这是一种具有强腐蚀性的强碱，俗称烧碱、火碱、苛性钠，切勿用手直接触摸。NaOH 固体一般为片状或颗粒形态，纯品是无色透明的晶体。易溶于水，溶于水时放热，有潮解性，易吸收空气中的水蒸气（潮解）和二氧化碳（变质）。本次观察的氢氧化钠颗粒，因吸收了空气中的水分而相互粘连。

实验室常用的 CuSO₄ 为五水硫酸铜，是蓝色固体，如纯洁无瑕的"蓝水晶"！CuSO₄ 是制备其他含铜化合物的重要原料，同石灰乳混合可得波尔多液，用作杀菌剂。其水溶液呈弱酸性，显蓝色。

图 14-12　NaOH 粉末（30×）

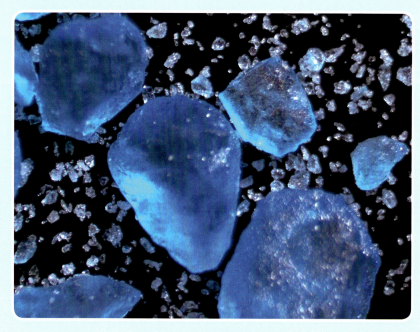

图 14-13　CuSO₄ 粉末（30×）

如果将 NaOH 和 CuSO₄ 分别配成溶液后，让其再次结晶，形态会与原来不同吗？

在载玻片中央分别滴一滴饱和 NaOH 溶液和饱和 CuSO₄ 溶液，等待结晶后，在数码显微镜下观察（图 14-14～图 14-17）。

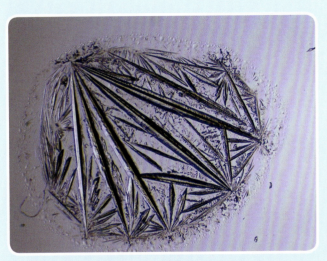

图 14-14　饱和 NaOH 溶液结晶后的晶体（60×）

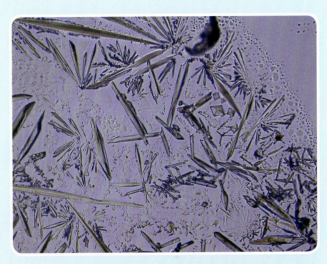

图 14-15　饱和 NaOH 溶液结晶后的晶体（60×）

图 14-16　饱和 CuSO₄ 溶液结晶后的晶体（60×）

图 14-17　饱和 CuSO₄ 溶液结晶后的晶体（60×）

饱和 NaOH 溶液结晶后的晶体大多似一把剑，少数为四棱形态；而饱和 $CuSO_4$ 溶液结晶后的晶体大多为蓝色斜方体或不规则形状。

在一片带凹槽的载玻片上，先滴 2 滴 0.1 克/毫升 的 NaOH 溶液，再滴 2 滴 0.05 克/毫升 的 $CuSO_4$ 溶液，在数码显微镜下观察该化学反应，发现 NaOH 溶液与 $CuSO_4$ 溶液迅速反应，初期出现 $Cu(OH)_2$ 蓝色絮状沉淀，该沉淀结晶后，呈现不规则皲裂，就像带着黑色诱惑的蓝色玛瑙，令人心生喜爱之情（图 14-18、图 14-19）！

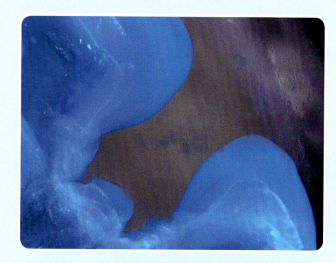

图 14-18　NaOH 溶液与 $CuSO_4$ 溶液反应初期，出现蓝色絮状沉淀（30×）

图 14-19　$Cu(OH)_2$ 沉淀结晶（30×）

许多化学反应都可以尝试进行微观观察。例如，观察化学反应的沉淀结晶、探究化学反应速率、银镜反应、水解反应、微型电解实验等。如果感兴趣，都可以尝试用显微镜来观察这些化学反应。

利用显微镜来观察化学实验，材料用量少，不仅不影响实验效果，还能够更加细微地观察化学反应的过程，尤其是观察晶体的结构和特征。此外，利用显微镜观察化学反应，还可以将化学药品可能产生的危害降到最低，充分体现绿色化学理念，实现微型化学实验零废液污染的目标，值得尝试和推广。

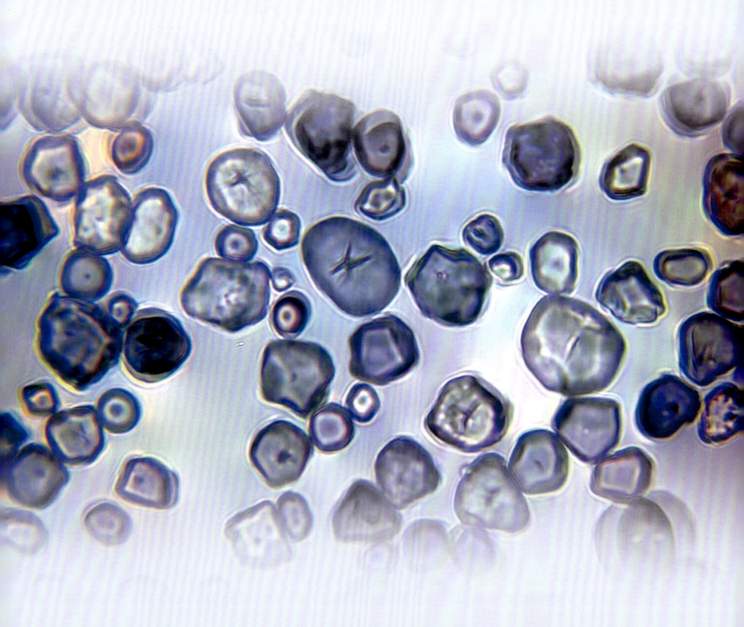

玉米淀粉（碘液染色，600×）

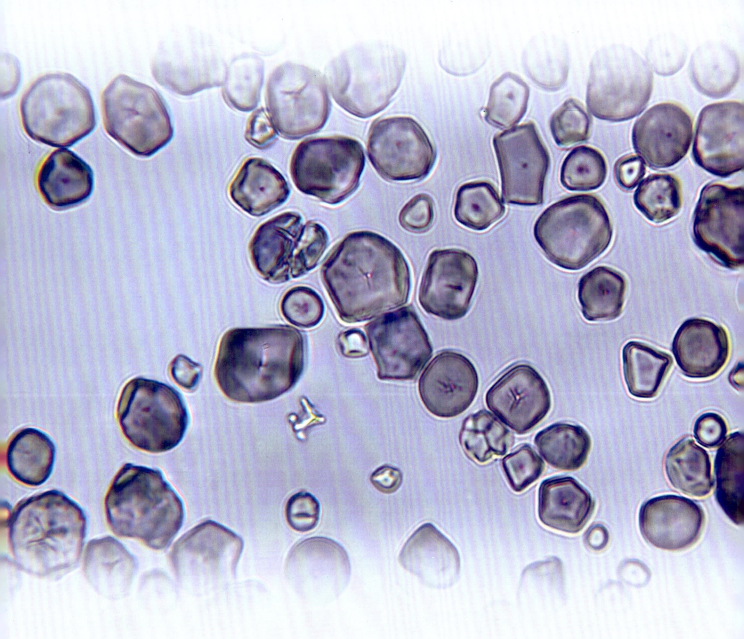

玉米淀粉（碘液染色，600×）